- 本书受江苏省社会科学基金资助出版 -

瑞典家政教育

——基于全生命周期的教育

赵媛 柏愔 周薇 鄢继尧 著

南京大学出版社

图书在版编目(CIP)数据

瑞典家政教育 ：基于全生命周期的教育 / 赵媛等著
. — 南京 ：南京大学出版社，2024.1
ISBN 978 - 7 - 305 - 27473 - 2

Ⅰ. ①瑞… Ⅱ. ①赵… Ⅲ. ①家政学—研究—瑞典
Ⅳ. ①TS976

中国国家版本馆 CIP 数据核字(2023)第 226419 号

出版发行 南京大学出版社
社　　址 南京市汉口路 22 号　　　邮　　编 210093

书　　名 瑞典家政教育——基于全生命周期的教育
RUIDIAN JIAZHENG JIAOYU: JIYU QUANSHENGMING ZHOUQI DE JIAOYU
著　　者 赵　媛　柏　愔　周　薇　鄢继尧
责任编辑 田　甜　　　　编辑热线 025 - 83593947

照　　排 南京开卷文化传媒有限公司
印　　刷 盐城市华光印刷厂
开　　本 718 mm×1000 mm　1/16　印张 16.75　字数 220 千
版　　次 2024 年 1 月第 1 版　2024 年 1 月第 1 次印刷
ISBN 978 - 7 - 305 - 27473 - 2
定　　价 78.00 元

网　　址：http://www.njupco.com
官方微博：http://weibo.com/njupco
微信服务号：njuyuexue
销售咨询热线：(025)83594756

前　言

瑞典是北欧面积最大的高福利国家，也是世界上最早完成工业化的国家之一。在世界经济论坛发布的《2019 年全球竞争力报告》中，瑞典在141 个经济体中排名第八；在《2021 年全球创新指数报告》中，瑞典在全球132 个经济体中排名第二，这与瑞典十分重视教育，有着完备的教育体系，以及注重教育公平、尊重个性发展和倡导终身学习等先进的教育理念密切相关。

强调家庭是社会的基础，重视家庭生活质量是瑞典福利国家社会制度的目标，因而教育的目的也是实现个人、家庭和社会生活的幸福与和谐。瑞典是世界上最早开展家政教育的国家之一。家政教育的熏陶使得瑞典人民热爱且注重生活，全社会对家庭生活及其相关领域广泛关注，进而催生广阔的消费市场，与家庭生活相关的产业经济十分繁荣。仅以全球知名品牌为例，美国是科技产业与品牌占据绝对优势，日本、德国明显倾向于汽车、机电等重工业企业与品牌，瑞士则多是有关金融、奢侈品等的品牌，而瑞典可谓独树一帜，世界家具品牌巨头宜家（IKEA）长期位居瑞典品牌之首，家庭生活类品牌占据一国品牌之首，在全球所有国家中是极其少见的，以宜家为首的瑞典家居设计品牌已将北欧风的家装风格带到了世界各地。而相关产业的发展又为家政教育的发展提供了可能，瑞典家政教育与产业的良好互动，在全球各国中既是特色也形成优势。家政教育虽然不是瑞典教育中规模最大的教育类型，却是最能体现和传承瑞典生活价值观念的教育。

在瑞典语中，“slöjd”一词指的是一种家庭手工业，传统社会下，女孩从家庭的女性长辈那里学习布艺和厨艺，包括编织和缝纫、洗衣和做饭，男孩从父辈处学习家用的各种木艺以及金属手工艺制作。随着19世纪中后期工业化进程的推进，家和工作场所的分离使得世世代代传承下来的“slöjd”传统被破坏，在19世纪后半叶兴起的乡村教育运动推动下，为恢复失去的传统，向年轻人传授手工劳动知识，瑞典不少地方开始建立手工艺学校。瑞典的家政教育不仅肩负着教育女性及家庭的责任，还承担起一定的社会责任，早期面向女性的家政教育，就通过在几所学校中开设学校厨房将家政教育与济贫结合起来，并取得一定的成效，因而要求国家承担家政教育责任的呼声越来越高。1882年通过的《小学条例》正式将手工艺列为小学课程的学习科目，这也奠定了20世纪以后瑞典中小学家政课程的基础。1897年，瑞典教育法规首次将家政教育列入其中，但只是作为女童教育的选修课；1919年，同样是建立在研究家庭和家政基础上的公民课应运而生，公民课不只是面向女童，而是男女学生都要学习。由于家政教育在一定程度上配合了福利国家社会制度对家庭建设的需要，也与家政教育从出现之初即承载着的人们对维护美好家庭的愿景不谋而合，因此从20世纪20年代开始，家政课程被纳入瑞典公民教育范畴。

瑞典可以说是世界上最早确立“人人、随时、随地”获得学习机会的学习社会，家政教育贯穿义务教育、高级中学教育、高等教育、成人教育全过程。不同阶段家政教育的内容与形式各不相同。义务教育阶段以“向学生传授知识并锻炼他们的技能，并与家庭合作，以促进学生发展成为和谐人才，成为自由独立、有能力和有责任感的社会成员”为总目标，家政教育主要是培养学生“在家中生活，并激发他们对家庭问题产生兴趣”，因而家政课程以必修为主，为培养未来的家庭建设者和社会公民做准备。瑞典的高中体制别具一格，是把职业教育与普通教育融为一体的综合高中，综合高中承担双重培养任务：既向学生实施系统的科学文化基础教育，为普通高等学校输送合格的新生；又向学生实施系统的职业技术教育，为国民经济各部门培养合格的劳动力。培养中，职业教育内容与普通教育内容相互渗透，普通教育中也有职业指导和实践实习课程，而在职业性科目中加强了普通文化课和职业基础课的教学，使职业教育不再是狭窄且过于专门化的职业专业教育，而是更加夯实基础，未来有更广泛的适应性。在综合高中的普通教育中有家政教育内容，但课时量较义务教育阶段大大减少；在综合高中的职业教育科中，家政教育内容更多，专业性更强。瑞典高等教育中的家政教育也是世界上最早之一，乌普萨拉大学早在1895年就成立了家政学院，旨在培养家政学科的教师。瑞典的成人教育更是有着悠久的历史，“学校即社会”的概念已经在瑞典转变为“社会即学校”，成人教育在促进人的自我完善与自我发展、加强专业化职业培训与丰富精神生活等方面发挥了重要作用，成人教育灵活多样的组织形式和贴近经济社会的学习内容，也成为瑞典家政教育的重要平台。总之在瑞典，家政教育贯穿人的终生，家政教育对瑞典经济社会的发展也起着潜移默化的作用。

家政教育在我国可谓源远流长。《礼记·大学》中关于“修身齐家治国平天下”的论述，体现了我国“家为国本”的价值理念，可视为我国家政教育思想的起点。1907年颁布的《奏定女子小学堂章程》和《奏定女子师范学堂章程》，是中国女子教育正式被纳入教育制度的开始，而随着女子教育正式被纳入教育体系，家政教育也正式进入学校教育。民国时期，河北女子师范学院、燕京大学、金陵女子大学等10余所大学相继设立家政系，成为家政高端人才培养基地。中华人民共和国成立后，虽然我国中小学课程中没有和家政直接相关的，但家政教育的理念在中小学课程体系中逐步深入。教育部2001年出台的《基础教育课程改革纲要(试行)》,首次要求从小学至高中设置综合实践活动,并作为必修课程,其内容主要包括:信息技术教育、研究性学习、社区服务与社会实践以及劳动与技术教育。2015年,教育部印发《关于加强中小学劳动教育的意见》,提出需加快转变劳动教育弱化现状,努力构建课程完备、机制健全的现代劳动教育体系。2018年,习近平总书记在全国教育大会上强调,要努力构建德智体美劳全面培养的教育体系,劳动教育被纳入了培养社会主义建设者和接班人的总体任务之中。2020年,中共中央、国务院发布《关于全面加强新时代大中小学劳动教育的意见》,进一步阐明了新时代劳动教育的基本内涵、体系建构、实施路径等。家政学的内容涉及家庭生活的基本知识和基本技能,家务劳动也是大中小学劳动教育的重要组成部分,因此,研究瑞典从义务教育到高等教育阶段家政教育的内容和发展特点,对于构建我国现代劳动教育体系具有重要的参考意义。

本书在对瑞典自然环境、经济社会、教育体系、创新特征等基本概况阐述的基础上,分析了瑞典家政教育萌出的原动力及建立与发展阶段和特征,分别从义务教育、高级中学教育、高等教育和成人教育四个阶段,对瑞典家政教育的发展演变过程、特点及其成因与影响进行了细致深入的分析,以期为我国家政教育的开展提供借鉴。

全书由赵媛拟定撰写提纲,前言及第一、四、六章由赵媛撰写,第二章由周薇撰写,第三、五章由柏愔撰写,第七章由周薇、鄢继尧撰写,南京师范大学研究生吴渺、孙超帅参与了部分章节初稿的撰写工作。全书由赵媛最后统稿。由于语言樊篱及其他原因,中国大陆对瑞典教育的研究文献不是很多,对瑞典家政教育的研究更是非常有限,参考文献极其匮乏。研究中克服重重困难,尽可能全面地收集瑞典不同时期的教育改革方案和计划,依据课程方案梳理家政教育的演变与发展。由于课程方案多为瑞典语,翻译中难免有不准确之处。研究中资料收集等也得到瑞典航空航天部航空信息系统专家谢文君博士的帮助。本书在写作过程中还参考了相关研究资料与成果，主要参考文献在书末列出，其中难免有遗漏的，在此谨向所有参考资料的作者表示衷心的感谢！

江苏省家政学会理事长
南京师范大学教授、博士生导师　赵 媛

目 录

第一章　绪　论

瑞典位于北欧斯堪的纳维亚半岛东部，是北欧五国中面积最大的。公元 1100 年前后瑞典开始形成国家，在两次世界大战中都宣布中立，是一个永久中立国。多姿多彩的自然环境、高度发达的经济、完善的教育体系以及高福利的社会保障体系等，是瑞典的显著特征；瑞典也是世界上最早开展家政教育的国家之一，家政教育的熏陶使得瑞典人普遍具有创造创新的意识和动手能力。

一、北欧面积最大的高福利国家

瑞典，全称瑞典王国。瑞典的瑞典语 Sverige 是从早期 Svea Rike 演化而来，即斯维亚王国。斯维亚是传说中的女战神，瑞典女性名称，常用以代表瑞典，比如瑞典人称祖国母亲为"Moder Svea"，即 Mother Svea，用以代表出生和养育之地。瑞典位于北欧斯堪的纳维亚半岛东部，东北和芬兰相隔托尔尼奥河，西部和挪威以斯堪的纳维亚山脉为界，东临波的尼亚湾和波罗的海与俄罗斯隔海相望，西南隔厄勒海峡和卡特加特海峡与丹麦相望。瑞典国土狭长，向南北延伸，总面积约 45 万平方千米，陆地面积约 40.7 万平方千米，是北欧面积最大的国家，其中 58%有森林覆盖。

(一) 多姿多彩的自然环境

一提到瑞典，人们就会不约而同地想到美妙的午夜日光、绚丽多彩的北极光、白雪皑皑的山峰、清澈平静的湖泊以及漫步森林的驯鹿等。

1. 位置极北的国家

瑞典主要位于55°～70°N和11°～25°E之间，约15％的面积在北极圈之内，其最南端斯米格角的纬度比我国最北点的纬度还要高①，最北端的特雷里克斯塞特则位于北极圈以北约300千米处，同时也是瑞典、芬兰、挪威三国交界点。瑞典和其他高纬度国家一样，既可以看到盛夏午夜的太阳，也要经历漫长黑暗的冬日，更要适应昼夜长短在一年中的明显变化。在瑞典最北部，漫长的冬季达7个多月，其中有32天全都是黑夜；夏季不过1个月，但几乎一日之内太阳都在地平线以上，若是晴天，即使是午夜时刻也是阳光灿烂。比如，在首都斯德哥尔摩，6月下旬的日光持续超过18小时，但在12月下旬缩短到只有6个小时左右。北极光是指常出现在地球高纬度地区高层大气中的发光现象，是太阳风与地球磁场相互作用的结果，非常绚烂美丽，瑞典也是观赏极光的好地方，位于阿比斯库国家公园的"极光天空站"是瑞典最著名的极光观测点，很多游客慕名而来。

2. 以"千湖之国"闻名

瑞典国土狭长，纬度跨度较大，使得南北气候差异显著：北极圈内属于寒带苔原气候，地表分布有苔藓、地衣、草本植物和一些矮小的灌木，草场是饲养驯鹿的天然场所，所以这里也成为驯鹿牧民的家园；其余大部分地区属温带针叶林气候，最南部则属温带阔叶林气候。受北大西洋

---

① 中国最北点位于漠河县龙江第一湾景区内的乌苏里卡伦浅滩上，隔黑龙江与俄罗斯相望，地理坐标为东经123°15′30″，北纬53°33′42″。

暖流的影响，瑞典年平均气温要高于同纬度的内陆地区，1月平均气温：北部－16℃，南部－0.7℃；7月平均气温：北部14.2℃，南部17.2℃，最南部气候温暖可以种植葡萄。瑞典气候较湿润，多数地区每年降水量在500～800毫米，西南地区降水较多，在1 000～1 200毫米。

瑞典的地势由西北向东南倾斜，自北向南分为三大单元：北部的诺尔兰地区、中部的斯韦兰地区、南部的哥特兰地区。北部诺尔兰地区为诺尔兰高原，森林广布，其西部耸立着斯堪的纳维亚山脉。斯堪的纳维亚山脉纵贯斯堪的纳维亚半岛，长约1 700千米，宽200～600千米，将瑞典和挪威分隔开。斯堪的纳维亚山脉一般海拔在1 000米左右，最高峰是位于挪威的格利特峰，海拔2 470米，瑞典全国最高峰为凯布讷山，海拔2 117米，位于北极圈以北166千米处。瑞典的许多河流都发源于斯堪的纳维亚山脉，并向东流去，最终注入波罗的海或波的尼亚湾。斯堪的纳维亚山脉地理位置偏北，加之来自北大西洋的水汽，导致许多冰川的形成，冰蚀地貌特色鲜明。山脉西坡的挪威沿海，冰川槽谷受海水侵蚀形成的峡湾海岸，狭长幽静的海湾与高峻陡峭的崖壁交相辉映，被2004年美国《国家地理》杂志评为“世界未受破坏的自然美景之首”；山脉东坡的瑞典多冰川湖泊，据统计瑞典境内约有十万个湖泊，是名副其实的“千湖之国”。中部的斯韦兰地区以平原和丘陵为主，湖泊面积广大，拥有瑞典最大的维纳恩湖和韦特恩湖。维纳恩湖面积5 650平方千米，为瑞典第一大湖，欧洲第三大湖，仅次于俄罗斯的拉多加湖和奥涅加湖；韦特恩湖为瑞典第二大湖，面积1 912平方千米，湖水以险流著称，湖区还有十七世纪的城堡和教堂。瑞典南部的哥特兰地区除了有斯梅兰高原和富饶肥沃的斯科纳平原，还有曲折壮观的海岸线，其西侧从哥德堡一直延伸到挪威边界的布胡斯海岸是有名的旅游路线，开阔的平原与光滑的花岗岩海岸相接，可以一览野生自然的海滨风景。瑞典还拥有许多群岛，最大的群岛是东部的斯德哥尔摩群岛，由24 000个大小岛屿组成，位于波罗的海的哥特兰岛和厄兰岛则因为有着在瑞典陆地上找不到的石灰岩高原、高大的海堤和多种多样的植物而显得与众不同，受到研究者和旅游者的喜爱。

3. 森林等资源丰富

瑞典拥有丰富的森林资源，传统林业曾经是其主要产业之一，被视作"绿色的财富"。高纬冻土带以南的广大地区皆分布有茂密的森林，北部主要属于针叶林，广泛分布有银白树干的桦树和高大挺直的松树；中部为云杉、桦树、松树的混交林。保护森林资源是瑞典的基本国策之一，国家制定和颁布了各类法律规定用以保护森林生物多样性，保障森林的可持续发展。瑞典是欧洲第一个设立国家公园的国家，截至 2021 年共有 30 座国家公园，5 111 个自然保护区，其中最大的是 Vindelfjällen 自然保护区，总面积约为 56 公顷，是欧洲最大的自然保护区。

瑞典最丰富的矿产是铁矿，分布在北部和中部，多为优质铁矿。瑞典的煤和石油储量不大，但境内有许多发源于高山的湍急河流，瀑布较多，水力资源充足，因此弥补了煤炭资源不足的劣势，也有人称瀑布为"白色的煤炭"，据估算，瑞典水力蓄能量达到 1 500 万千瓦，水力发电占总发电量的一半左右。

（二）历史悠久的中立国

1. 旧石器时代即有人类居住

瑞典的历史最早可以从一项世界自然遗产谈起，这就是"高海岸"。高海岸是指位于瑞典中部沿海的波的尼亚湾西侧的高耸海岸，是世界上经历冰川消融导致陆地抬升的典型区域之一。在大约 20 000 年前，瑞典陆地还被广袤的冰川覆盖，后来南部的冰川最先开始融化，地面从冰雪中露出来，并逐渐扩展开来。高海岸地区的陆地失去了冰川向下的挤压力之后，抬升高度达到了 285 m，冰川期结束时瑞典便拥有了如今的现代海岸轮廓。该处海岸岩石高耸，冰川期之后的陆地抬升清晰可见，2000 年被列入《世界遗产名录》。

随着冰雪消融，瑞典陆地上开始逐渐出现柳树、桦树、驯鹿等动植物；在公元前 10000 年—公元前 9000 年时，瑞典开始有了以渔猎为生的人类居住，这种粗犷原始的旧石器时代一直持续到公元前 3000 年左右。瑞典北方的耶姆特兰省发现过约公元前 9000 年前的岩画。随着新石器时代的到来，居民改变了生活方式，开始定居下来，种植谷物和饲养牲畜，到大约公元前 1500 年，瑞典通过与欧洲进行贸易而引入了青铜器，进入了青铜时代。400 年后，随着从波罗的海到地中海的商路形成，南欧的铁器传入了斯堪的纳维亚半岛，瑞典又进入铁器时代，到公元前 500 年左右时，铁器的应用已经非常广泛。随着商业贸易活动的兴盛，古代罗马帝国开始了解到北欧世界的存在。瑞典最早有文字可考的历史可追溯到大约公元 98 年开始创作的《日耳曼尼亚志》，古罗马历史学家塔西佗在其中介绍了拥有武器和舰队的斯维比人(部落)。以斯维比人(部落)与生活在瑞典南部的哥特人(部落)为主体，后融合了其他移民以及一些芬兰人、萨米人，逐渐形成了瑞典民族。

公元 3—4 世纪的罗马帝国末期，被称为“人种作坊”①的斯堪的纳维亚各部族向西欧和南欧输出了大量移民。作为日耳曼民族一支的哥特人(公元 200 年—公元 714 年，也译作哥德人)，据称就来自瑞典的哥特兰岛，是瑞典南渡至中欧的移民。在公元 4 世纪，哥特民族从内部分裂，一部分成为后来的维斯哥特，也就是西哥特，居住在现今的罗马尼亚境内；

① 斯堪的纳维亚半岛位于欧洲北部，是欧洲重要的文化交流中心之一，也是人口流动和融合的重要区域。在历史上，斯堪的纳维亚半岛是多种文化和人群的交会之地，包括维京人、日耳曼人、凯尔特人等。这些不同的文化和人群在斯堪的纳维亚半岛相互交融，形成了复杂的社会结构和文化传统。

另一部落则成为奥托哥特，也就是东哥特，他们向东迁移进入意大利。居住于莱茵河沿岸的又一支日耳曼民族——斯维比人，据称也来自瑞典的南部海岸。公元5世纪和6世纪初期，罗马帝国逐步瓦解，给大部分欧洲地区都带来了动荡，瑞典也不例外，但在这个动荡时期，贸易、航海和殖民活动并没有停止，反而在不断发展着。公元8世纪到11世纪，包括瑞典人在内的生活在斯堪的纳维亚附近的不同民族有了一个共同的名字——维京人，又被称为北欧海盗。维京人凭借着发达的造船技术航行至英格兰、爱尔兰等欧洲其他地区进行商业贸易、屠杀抢掠以及殖民活动，令整个欧洲闻风丧胆。虽然都是维京人，向西行进的丹麦、挪威维京人主张殖民和征服，东部的瑞典维京人却更加倾向于和其他国家进行贸易活动。

公元1100年前后，瑞典开始形成国家。瑞典王国形成之初，是个由一些独立性很强的省组成的松散王国，各省通行自己的法律，而国王负责各省之间的协调和组织对外战争等事务。1157年，瑞典兼并芬兰。1397年，为了对抗强大的汉萨同盟在北海和波罗的海的势力，丹麦、挪威、瑞典三国在瑞典东南部的卡尔马举行会议，决定成立由丹麦王室主导的卡尔马联盟(Kalmar Union)，从此瑞典和挪威臣服于丹麦国王的统治，同时保留了王国的地位。1523年6月6日，瑞典脱离联盟获得独立，古斯塔夫·瓦萨被拥立为瑞典国王，建立了瓦萨王朝，成为一个主权国家。后来，每年6月6日成为瑞典的国庆日。

在17—18世纪百年间，有两位瑞典国王值得特别一提，分别是古斯塔夫·阿道夫和卡尔十二世，前者在著名的“三十年战争”中积极参战，接连获胜，在他主导下瑞典崛起成为欧洲大国，而后者在位期间，战争先胜后败，瑞典国力走向衰落，让出了北欧霸主地位。

自19世纪初起，瑞典一直在战争中秉持中立立场，在两次世界大战中都宣布中立，是一个永久中立国，避免卷入任何冲突当中，潜心发展国内经济。与许多欧洲国家一样,在政治方面,瑞典逐渐走向了议会民主制。在19世纪,瑞典逐渐发展为现代民主国家,同时引入蒸汽机,发展工业,使经济得到了增长。随着工业的进步,瑞典的社会主义也取得了很大的发展,虽然主要集中在农村地区,但合作劳动和社会保障的理论在农村地区产生了很大的影响。19世纪末期,瑞典完成工业化,开始迈上了发达国家的道路。

2. 议会制君主立宪制政体

瑞典实行君主立宪制。国王是国家元首,作为国家象征仅履行代表性或礼仪性职责,不能干预议会和政府工作。瑞典采取议会内阁制,三权分立,由议会、内阁、法院分别行使立法权、行政权和司法权。议会是唯一立法机构,通过普选直接产生议员。政府是国家最高行政机构,对议会负责。瑞典实行多党制,主要包括温和党(亦称保守党)、社会民主党(简称社民党)、瑞典民主党(简称瑞民党),自由党(曾称人民党)、中间党、基督教民主党(简称基民党)、环境党、左翼党等,其中社民党是高福利社会保障制度的规划者和建筑师,对瑞典的社会经济发展做出了重大贡献。在瑞典,通常一党很难在议会中占据绝对多数的席位,必须要联合其他政党共同执政,这加强了政党之间合作氛围,也使得瑞典的多党制显现出较温和的特点。如2010年9月瑞典大选,温和党、自由党、中间党、基民党组成联合政府。

瑞典拥有强大的工会组织。瑞典工会组织主要有工会联合会、雇主联合会、白领雇员工会等,这些工会组织高效,资金雄厚,且拥有强大的凝聚力,使得瑞典工会在国家政治生活中有较大的影响,尤其是瑞典工会联合会与瑞典社民党关系密切,是社民党实施政策的坚实拥护者。

在政府体制方面,瑞典分为省、市两级,两级政府机构没有严格隶属关系,省级政府机构负责区域间协调,尤其是医疗保健相关工作,而市级政府有很大自主权，可以在国家政策的基础上，自行制订详细计划并实施，包括儿童保育、老年人护理等各个方面，使得为公民个人直接提供大部分服务的政策能够得到有效落实。并且，瑞典与其他北欧国家一样，政府腐败率低，公共行政部门获得民众的高度信任，能够营造良好的商业环境，也促进了经济的活跃发展。

(三) 经济发达的高福利国

1. 经济高度发达

瑞典是最早完成工业化的国家之一，经济实力强大，2019 年国内生产总值达 5 308 亿美元。在世界经济论坛发布的《2019 年全球竞争力报告》中，瑞典在 141 个经济体中排名第八，较 2018 年上升一位。排在瑞典之前的依次为新加坡、美国、中国香港、荷兰、瑞士、日本和德国(表 1 - 1)。

表 1 - 1　2019 年瑞典全球竞争力指数排名

排名	经济体	竞争力指数	较上一年名次变化	较上一年指数变化
1	新加坡	84.8	+1	+1.3
2	美国	83.7	−1	−2.0
3	中国香港	83.1	+4	+0.9
4	荷兰	82.4	+2	—
5	瑞士	82.3	−1	−0.3
6	日本	82.3	−1	−0.2
7	德国	81.8	−4	−1.0
8	瑞典	81.2	+1	−0.4
9	英国	81.2	−1	−0.8
10	丹麦	81.2	—	+0.6
11	芬兰	80.2	—	—
12	中国台湾	80.2	+1	+1.0

（续表）

排名	经济体	竞争力指数	较上一年名次变化	较上一年指数变化
13	韩国	79.6	＋2	＋0.8
14	加拿大	79.6	－2	－0.3
15	法国	78.8	＋2	＋0.8
16	澳大利亚	78.7	－2	－0.1
17	挪威	78.1	－1	－0.1
18	卢森堡	77.0	＋1	＋0.4
19	新西兰	76.7	－1	－0.8
20	以色列	76.7	—	＋0.1

资料来源：World Economic Forum. The Global Competitiveness Report 2019。

《2019年全球竞争力报告》从政策支持（Enabling Environment）、人力资本（Human Capital）、市场条件（Markets）、创新体系（Innovation Ecosystem）四个指标对世界主要经济体的竞争力具体表现进行评估，瑞典在政策支持指标中的“宏观经济稳定性”获得100分，排名全球第1，“技术支持”排名全球第4；在创新体系指标中的“创新能力”“商业活力”分别排名全球第5、6位；人力资本指标中的“工作技能”以及市场条件指标中的“金融体系”等方面也表现出色，分别排名全球第7、8位，这与瑞典高福利的社会保障体系和高度重视教育有着密切关联（表1－2）。

表1－2 2019年瑞典全球竞争力具体表现

衡量指标		得分	全球排名
政策支持	政府机构	75	10
	基础设施	84	19
	技术支持	88	4
	宏观经济稳定性	100	1

（续表）

衡量指标		得分	全球排名
人力资本	健康质量	97	11
	工作技能	84	7
市场条件	产品市场	66	16
	劳动力市场	69	22
	金融体系	88	8
	市场规模	65	40
创新体系	商业活力	79	6
	创新能力	79	5

资料来源：World Economic Forum.The Global Competitiveness Report 2019。

瑞典的经济结构具有明显的多样化特点。虽然耕地面积只占国土面积的6%左右，农业从业人员和产值所占比例均不到2%，但所产多种食品除满足本国需要外，还可供出口，其中畜牧业占农业总产值约80%。粮食、肉类、蛋和奶制品自给有余，蔬菜、水果主要靠进口，农产品自给率达80%以上。传统工业依托森林、矿产等自然资源，以铁矿业和林木工业为主。瑞典林木资源丰富，林业在国民经济中地位重要，除木材原料出口外，还建立了庞大的纸浆、造纸、家具、林产化工等深度加工工业部门，其产量和出口量均居世界最前列。瑞典宜家（IKEA）公司[①]制作的木质家具风靡全球。化学工业、生物医药业、汽车制造工业等产业也位居世界前列，被我们熟知的沃尔沃、萨博汽车品牌均来自瑞典。此外，瑞典的服务业尤其发达，分布在医疗护理、商业、家庭服务等各个领域，同时金融、教

① 瑞典宜家（IKEA）公司是一家全球知名的家具和家居零售商，创立于1943年，总部位于瑞典。该公司以简约、实用、环保为设计理念，提供各种类型的家具和家居用品，包括座椅/沙发系列、办公用品、卧室系列、厨房系列、照明系列、纺织品、炊具系列、房屋储藏系列、儿童产品系列等约10 000个产品。宜家公司在全球范围内拥有众多门店，销售的产品以其品质、价格实惠和环保理念而受到消费者的喜爱。

育、旅游等现代服务业加快发展，在国际市场中也具有强有力的竞争优势。

瑞典重视科研创新，大力发展高新产业。随着知识经济浪潮的来临，瑞典也开始进一步促进经济结构转型，不仅积极促进传统的产业企业实现信息化，同时在科技研发方面雄心勃勃，据统计，2018 年瑞典对研发的投资占国内生产总值的 3.3%，高于其北欧邻国挪威、芬兰和丹麦。此外，政府还制定优惠研发投入政策，积极培植高新技术中小企业，持续加大对教育的投资，注重人才的培养，以求为知识密集的高新技术产业发展持续提供动力。目前，瑞典的高新技术产业成果显著，已经在世界上占有重要一席。

瑞典的经济有明显的外向型特点。经济全球化大背景下，瑞典加入了世界贸易组织、欧洲经济合作组织（现更名为“经济合作发展组织”，简称“经合组织”）等，积极展开与世界各国的经济贸易和合作。瑞典支持自由贸易，主要对外出口机械仪器、电子产品等，进口货物一半以上都是制造业的部件和原料，并且在对外直接投资资本和吸引国外资本投入方面也居世界前列，经济发展高度依赖国际市场。按人口比例计算，瑞典是世界上人均拥有跨国公司最多的国家。

2. 人口分布极不均匀

瑞典地方行政区划分为省和市两级。全国分为 21 个省和 290 个市，省和市之间没有严格等级关系，都拥有地方的自治政府，分别负责不同的活动，唯一例外的是哥特兰，省当局统管省、市所有的活动。

瑞典现有人口 1 054 万（截至 2023 年 5 月），65 岁以上的人约占总人口比例 20%，人口老龄化现象严重。全国约 90%的人口集中在南部和中部地区，北部高海拔和高纬度地区人烟稀少。马尔默胡斯省人口密度每平方千米达 151 人，而耶姆特兰省每平方千米只有 3 人。瑞典有超过 890

万人居住城市，约占总人口的87%，最大城市是首都斯德哥尔摩，2018年人口为160多万。位于西海岸的哥德堡人口50多万，是瑞典第二大城、北欧第一大港，哥德堡港口终年不冻，是瑞典和西欧通商的主要港埠，也是北欧的工业中心，有著名的查尔姆斯理工大学和哥德堡大学。位于瑞典最南端的马尔默，人口30万左右，是瑞典第三大城、海军基地和交通枢纽。

瑞典绝大部分居民是主体民族瑞典人，占90%，少数民族为萨米族。萨米人亦称拉普人，属乌拉尔人种，为蒙古人种和欧罗巴人种的混合类型，主要聚集在北极圈附近，多已过上安居生活，以养鹿为业。近年来，移民使得瑞典的人口结构正在变得多样化。瑞典一直以来都受到移民者的青睐，在早期，即第二次世界大战结束之后至20世纪70年代中期，许多移民到瑞典的人主要是为了寻求工作机会，但是近年来，越来越多的战争难民申请前往瑞典。外来移民多来自斯堪的纳维亚国家，其中又以芬兰人最多；近年来，来自南欧、中东、亚洲和中美洲的难民占比越来越大，2008年之后，外来移民数已超过瑞典向外移民数，2015年瑞典外来移民总数达到了历史最高，超过16万。来自不同国家和地区的移民促进了瑞典人口的多样化，但移民的增加也导致瑞典犯罪率的上升。

3. 高福利的社会保障体系

瑞典一直被世界各国作为“福利国家”的成功典范。1932年，社会民主党掌握瑞典政权，开启建立现代社会福利国家的新征程。第二次世界大战结束之后，瑞典经济得到快速发展，创造了著名的“瑞典模式”①，其

① “瑞典模式”是一种以市场经济为基础，国家通过立法、宏观调控、相关政策对资本进行限制和指导，同时实行高额累进税制，由政府主导的公共部门投资于社会福利和公共服务部门，实现公平分配的社会福利模式。

经济的增长速度超过同期大部分其他欧洲国家,经济结构也发生变化,农业和渔业在国民经济中地位不断下降,工业及服务业的地位明显上升。政府为了促进更多劳动力流入市场,颁布收入所得税改革、家庭托幼等系列政策,这些政策不仅保障了妇女更大可能在经济上获得独立性,也促使儿童照顾、老人护理和家务劳动市场化和产业化,许多女性在家政行业中获得了就业岗位。20 世纪末期,瑞典不断优化产业结构,积极参与国际贸易;1995 年,瑞典加入欧盟,加强了与欧洲各国在经济等方面的合作和联系。瑞典经济虽有波动,但始终保持在较高水平,持续平稳增长,在经济基础的保障下,社会福利制度也逐步趋向完善。如今的瑞典,平等、富庶是它的标签,发达的经济、教育、科技、文化、福利制度成为它天然的名片。

瑞典高福利的社会保障体系覆盖国民"从摇篮到坟墓"的每个人生阶段,尤其保障了儿童和老人在没有经济来源的时候可以享受到许多减免待遇和生活便利。高福利的制度建立在高税收的基础上,瑞典人不但不反感高税收的做法,反而接纳甚至十分认可,因为虽然税收很高,但是支付税款之后的金钱是自由支配的,并且这个时候许多必要的费用,比如教育、医疗等绝大部分都已被政府买单,免去了个人的花费。

瑞典社会保障制度覆盖面广泛,项目繁多,主要包括以下几个方面:

(1) 养老保障:在瑞典,老年人的养老退休金大约为退休前工资的 70%,瑞典政府统一发放基本养老金,所有定居瑞典的人,年满 65 岁就可以根据居住年限领取数额不等的养老金。

(2) 医疗保障:瑞典的公共医疗保险覆盖项目包括健康与预防服务、住院和门诊护理、精神健康服务等内容。如,瑞典的医药服务自付费用采用封顶政策,所有瑞典居民公共基本医疗服务自付费用的最大额度在 2021 年分别为 1 150 克朗(医疗服务)和 2 350 克朗(门诊药物),大大减轻了低收入患者的经济负担。

(3) 教育保障:瑞典的公共教育体系,从学前教育到高等教育全部免费,除此之外政府还提供学习援助、成人教育补贴等等。以儿童托管为例,为了解除父母的顾家忧虑,使其在家庭和工作之间可以达成平衡,当儿童的双亲都在读书或工作的时候,可以申请政府免费提供的儿童照料服务,比如大多数的地方学前教育中心(preschool)每天开放10~12小时,可以满足全职父母的托管保育需求,对夜间工作的父母还有专门的夜间儿童护理中心(nighttime daycare)。

(4) 就业保障:瑞典政府既采取为失业者提供临时岗位、进行就业培训等积极就业政策,也采取为失业人员发放失业津贴和救济金等措施。例如,瑞典的失业津贴分为两种,一种是与收入相关联的自愿失业保险,只为工会会员提供,另一种是由政府税收支付的基本失业津贴,则为没有加入工会会员的失业者提供。

(5) 基本生活保障:瑞典的基本生活保障包括儿童补贴、怀孕补贴、父母补贴、残疾补贴,等等。以怀孕补贴为例,若原工作岗位负累或者对胎儿有危险性的孕妇,在怀孕期间可以要求更换岗位,若雇主不能为其重新安排岗位,孕妇则会获得长达150天的怀孕补贴。根据怀孕期间孕妇工作能力的下降程度,政府分别给予全额、3/4额、半额、1/4额的补助。

二、世界上教育最发达的国家之一

作为世界上发展最快的后工业化国家之一,瑞典一直以其雄厚的经济实力、健全的社会福利制度闻名于世。从20世纪50年代开始,瑞典颁布了一系列教育改革措施,包括制定独立的学前教育课程体系、确立九年一贯制义务教育制度、实行职业教育和普通教育一体化的综合高级中学方案等(表1-3)。经过大刀阔斧的教育改革,瑞典的教育实力得到快速提升,也随之建立起完善的教育制度,成为世界上教育最发达的国家之一。

表 1-3 20 世纪 60 年代以来瑞典颁布的主要教育改革政策

颁布时间	名称
1962 年	《九年制义务基础学校案》(The Basic School)
1967 年	《成人教育法案》(Adult Education Bill)
1968 年	《特殊服务法案》(The Special Service Act)
1973 年	《儿童日托法案》(Act on Children's Day-care)
1975 年	《学前教育法案》(National Pre-school Act)
1977 年	《高等教育法令》(Higher Education Act)
1980 年	《社会服务法案》(The Social Services Act)
1985 年	《教育法》(The Education Act)
1991 年	《教育法》(The Education Act)
1992 年	《高等教育法》(The Higher Education Act)
1993 年	《高等教育条例》(The Higher Education Ordinance)
2001 年	《大学学生平等待遇法案》(The Equal Treatment of Students at Universities Act)
2004 年	《基本教育法案》(Basic Education Act)
2009 年	《高等职业教育法》(Higher Vocational Education Act)
2009 年	《高等职业教育条例》(Higher Vocational Education Ordinance)
2010 年	《教育法》(The Education Act)
2010 年	《高中学校条例》(Upper Secondary School Ordinance)
2011 年	《学校条例》(The Education Ordinance)
2011 年	《关于教师和学龄前教师的资格认证的条例》(The Ordinance Concerning Eligibility and Registration of Teachers and Preschool Teachers)
2011 年	《成人教育条例》(Adult Education Ordinance)

资料来源:作者自行整理。

(一) 完备的教育体系

经过逐步推行和不断完善，瑞典建立起了从幼儿到老年完备的终身教育体系。瑞典的教育系统为大于1岁的儿童、青少年、成年人都提供相应的教育活动，不仅可以让所有学龄儿童都能获得公平的公共教育机会，也使成年人有渠道进入专门的学校学习，类型多样，贯穿终身，充分满足“只要你想学习，随时都能够学习”的全民学习需求。总体来看，瑞典教育体系可以划分为学前教育、义务教育、高级中学教育、高等教育以及成人教育五个阶段(图1－1)。

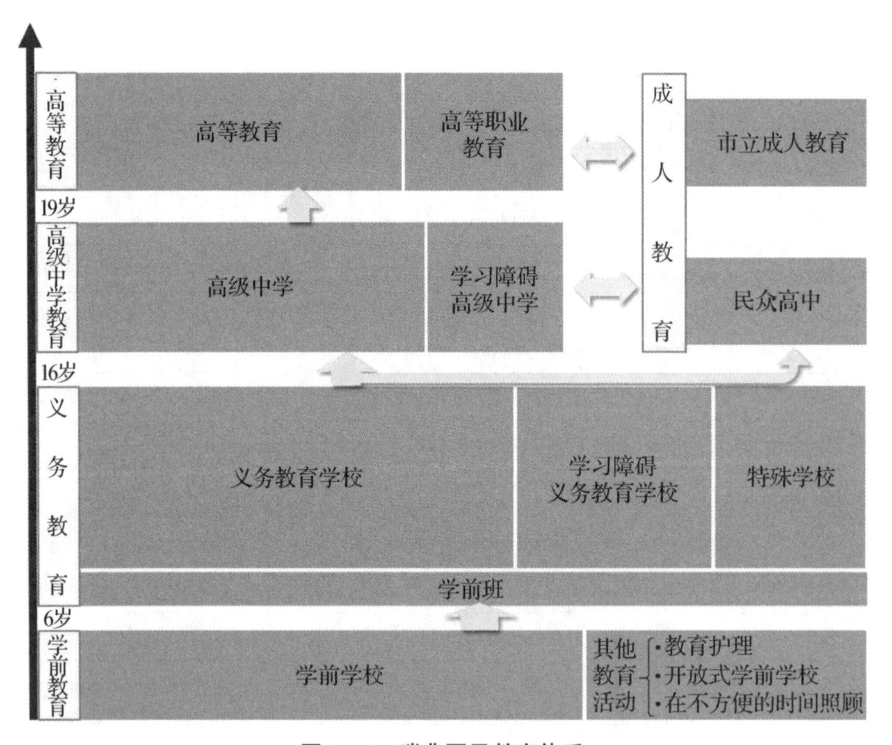

图1－1 瑞典国民教育体系

瑞典的教育管理分为三个级别，中央、地方和学校。在中央，由教育和研究部(The Ministry of Education and Research)负责制定国家教育目标和教育系统框架，下设国家教育署(The Swedish National Agency for Education)、学校监察局(The Swedish Schools Inspectorate)、高等教育委员会(The Swedish Council for Higher Education)等机构负责各自领域的行政管理。在地方，“省(county)”有可能负责部分高中、成人教育活动，但大部分教育活动的组织和实施由市政当局承担，市政当局一般会设立一个或数个教育委员会，负责按有关法律组织高等教育之外的其他教育活动，招聘和任命学校校长，分配教育资源，为学校的教学提供必要的支持。在学校，校长作为主要管理者，负责组织、监督和改善学校的各项事务，确保实现国家教育目标。

瑞典实施目标导向的课程管理模式。1991 年，一项名为“为学校负责”的政府立法提案正式生效，提案指出，国家政府应该以提供经费资助的方式促进学校活动，而不是扮演管理者的角色。同年，中央政府撤销原来管理基础教育所有事务的全国教育委员会，组建新的国家教育署，从国家层面对学校教育实施目标管理，进行教育放权；瑞典还在 1991 年撤销了省级教育委员会，只保留了市级教育主管机构，市政当局接管了组织和实施学校活动的全部职责。

1. 学前教育

瑞典早在 19 世纪初期就成立幼儿学校及日间保育机构。1968 年设立国立儿童保育委员会(National Commission on Childcare)，负责督导整个社会的幼儿教育。1968 年儿童保育委员会提交的《学前学校》报告指出，要将济贫和托幼为主的两种机构合并，建立保教合一的学前教育形式，以及提出了特殊儿童编入普通班级、学前教学采用民主活动模式、突出家校合作等工作要点。1973 年通过的《儿童日托法案》和 1975 年通过的《学前教育法案》中，明确了地方政府的职责，要求地方政府进一步加快公办学前教育发展，把教育与保育结合，每年要为该市区所有

6 岁儿童提供至少 525 学时的免费学前教育，促进幼儿的学习与发展，而特殊儿童学前教育更是重中之重。1996 年把学前教育纳入正规教育体系，1998 年正式颁布全国《学前教育课程纲要》，自此瑞典学前教育拥有了独立的课程体系，并成为整个国民教育体系的基础，瑞典幼儿园成为终身学习开始的地方。经过数次修订，2018 年颁布了最新版《学前教育课程纲要》。

瑞典学龄前儿童保教集保育和教育于一体，以为儿童提供安全的照料和促进儿童发展与学习为目的。目标涉及儿童的保育和教育两大方面，强调让幼儿在体力、认知、社会性、情感等方面得到和谐发展，使幼儿得到完整的发展，将来成为对社会有用的人。其具体目标是：促进幼儿学习能力、社会性、情感、体力、语言、智力的发展；丰富幼儿的知识和经验，使幼儿能了解、热爱自己民族的文化，并能尊重、接受外国的文化；使幼儿学会理解自己及周围的环境，培养幼儿的民主精神、乐于助人的品质、与人合作的能力和责任感。

瑞典承办学前教育的组织形式也丰富多样，主要形式有学前学校、教育护理、开放式学前学校、在不方便的时间照顾等。其中，学前学校属于学校系统，教育护理、开放式学前学校等形式被视作对学前学校的辅助、补充，不属于学校系统，统称为其他教育活动（other pedagogical activities）。政府主导的学前学校是最主要的教学形式，2016 年数据显示，全国 84％的 1～5 岁儿童都上了学前学校。

（1）学前学校（pre-school）

学前学校以促进儿童的发展和学习为目标，同时为儿童提供安全的照料；学前教育要促进儿童全面接触社会和社区，为其进一步的教育做准备。根据《教育法》，市政府有义务为 1～5 岁的儿童提供学龄前教育，必须为这些孩子提供每天至少 3 个小时或每周 15 小时的学前教育。学前学校实行全日制，由受过专业培训的教师按照国家制定的课程条例为 1～

5 岁的儿童提供照管和教育，每个班级人数常年保持在 17 人以下。

(2) 教育护理(pedagogical care)

教育护理是由原来的“家庭日托所”演变而来，也就是在自己有孩子需要教养的保育员家庭中所设立的幼儿托管服务机构，当然父母也可以雇请保姆或老师来自己家中教养孩子，教育护理以照料和看护为主，时间灵活机动，可以为 1～12 岁的儿童提供。同样遵守幼儿园课程条例。

(3) 开放式学前学校(open pre-school)

开放式学前学校旨在和陪伴孩子的成年人一起为孩子们提供教育活动，主要招收 1～5 岁的幼儿，成年人在此获得了社交的机会。开放式学前班开设的地区差异很大，主要集中在大城市，2016 年秋季，60％的开放式学前学校位于城市。

(4) 在不方便的时间照顾(care at times when pre-school or leisure-time centres are not available)

根据《教育法》，市政府除在学前班、课后照料时间段为孩子提供照料外，在父母农忙、加班等不方便照顾幼儿的时间应提供各种临时性托幼服务，且要考虑父母的有酬工作和整个家庭的状况。

在多样的儿童保育机构的支持下，瑞典的学前教育普及率很高，根据经济合作发展组织统计显示，瑞典三岁儿童接受幼儿教育的比例高达 92.4％。

2. 义务教育

瑞典义务教育制度的形成可以追溯到 19 世纪。1842 年瑞典议会通过并颁布了关于初等教育法案的《国民教育条例》，在瑞典第一次正式提出了义务制教育；1918 年瑞典成立学校委员会，开始进行教育制度的改革；1927 年六年制的国民小学成为统一学校；1936 年将义务教育年限从 6 年延长到 7 年；1950 年瑞典议会通过了《九年制统一义务学校法案》，开始9年制义务教育的实验;1962年实验期结束,议会决定之后10年时间里用9年制统一学校逐步取代各种类型的小学和初中;1972年,旧式小学和初中逐步被统一学校取代,形成了如今整齐划一的义务教育制度。1985年瑞典颁布了新的《学校教育法》,明确基础与义务教育的目的,规定义务教育应为学生提供他们参与社会需要的知识和技能以及一般教育,必须能够构成高中继续教育的基础。1998年,瑞典政府设立衔接学前教育和义务教育的学前班,为期一年,年满6岁的儿童可在进入义务教育之前自愿选择是否就读学前班。学前班教育虽然不是强制的,但几乎所有儿童都会选择参加。2017年,政府颁布法案规定,从2018年开始,将学前班纳入义务教育,义务教育年限延长为10年。义务教育为所有学生免费,包括午餐、校车交通等费用全都由政府买单。

瑞典义务教育的组织形式也有多种类型,适龄儿童可根据个人情况选择进入义务教育学校、学习障碍义务教育学校或者特殊学校。瑞典现有近5 000所义务教育学校,包括市立学校、独立学校、国际学校和为瑞典北部萨米族开办的萨米学校。有学习障碍的学生可以进入学习障碍义务学校接受教育,若存在严重的听力、视力、语言障碍或情况不适合进入学习障碍义务学校的学生则可以进入特殊学校学习。

(1) 学前班(pre-school class)

从2018年起,所有年满6岁的儿童都被要求参加学前班。学前班的课程大纲规定,学前班的课程应该促进儿童用不同的方式表达自己,并接触不同的环境,以便能够顺利从学前教育过渡到学龄教育当中,为继续上学做好准备,所以除了绘画、手工、游戏等日常教学活动,老师还会带儿童去参观将要上学的学校,同学校的老师见面,让儿童对未来学校生活有一个初步的了解和印象,提前做好心理准备。

(2) 义务教育学校(compulsory school)

2018年前义务教育学校课程持续9年,以三年为一个档次,划分为低、中、高年级，1～3 年级为低年级，4～6 年级为中年级、7～9 年级为高年级。义务教育学校课程最晚应在学生年满 18 岁时结束。义务教育学校包括市立学校、独立学校、国际学校和萨米学校。市立学校由市政府开办和管理，独立学校主要指私立学校，萨米学校则为瑞典北部的萨米族开办。

(3) 学习障碍义务教育学校（compulsory school for pupils with learning disabilities）

对于那些由于发育障碍而被判断为不能够达到义务教育学校知识要求的学生，可进入学习障碍义务教育学校学习，为期 9 年。学习障碍义务教育学校除一些特定科目以外，还开设和义务教育课程相适应的科目，为学生能够积极融入社会打下基础。在此类学校中，针对有严重学习障碍学生进行教育的学校被称为“培训学校”（training school），2019—2020 年，培训学校有 4 580 名学生，约占学习障碍义务教育学校所有学生的 37%。

(4) 特殊学校（special school）

特殊学校为因残疾或其他特殊原因而不能上义务教育学校或学习障碍义务教育学校的学生而开设，比如先天性聋盲的学生，2019—2020 年，有 699 名学生在特殊学校就读。特殊学校就读年限为 10 年，分为三个阶段，1～4 年级为低年级，5～7 年级为中年级，8～10 年级为高年级，开设的课程同样要求尽量与义务教育学校课程相对应，并且要充分考虑学生的个人情况。

为使学童家长可以安心工作或学习，瑞典提供包括家长上夜班或加班等不方便时间段的托管，还为 6～13 岁的儿童设立了开放的学童保育中心，以及为 10～13 岁的儿童提供了开放式课外活动中心，为学童提供托管保育场所，使其在课前和课后有可去之处，保育中心负责组织和开展有意义的休闲活动，包括识字、游玩、音乐、绘画、体育等，对校内教育加以补充。

瑞典为义务教育阶段不同学校制定了专门的课程大纲，大纲中阐述了课程总体目标和理念，规定在义务教育阶段学生要学习瑞典语、数学、英语、社会科学、自然科学、体育与健康、艺术、音乐、家政等十余门课程，并规定了各课程的具体课程目标、核心内容和知识要求，以及所要达到的基本学业要求，但课程大纲只是一个总体性的框架，没有规定细节，为学校和教师根据实际开展教学保留了足够的空间。2011 年《学校条例》中规定了各门课程开展的具体学时数，一般的义务教育学校需要保证有 6 890 总学时。在国际学生评估项目(PISA)测试中，瑞典 15 岁学生在阅读理解、数学和科学能力三个方面获得的成绩是比较好的，这也从一个侧面反映了瑞典义务教育的质量还是得到认可的。

3. 高级中学教育

高级中学教育，又称后期中等教育、综合进阶中学教育。20 世纪 60 年代初，瑞典尚有学术性和职业性两种性质的高中，不同类型的高中界限分明，职业性高中毕业生不能升学，学术性高中毕业生也难以就业，极大地限制了学生的个人发展，也不符合社会经济发展的需要。1964 年，瑞典议会确定了“一体化和综合化”(也译作“统合化”)的高中改革方针，将普通高中、商业高中和工业高中合并为一类高中，具有一定的综合性，开始试行“综合高中”。1971 年，瑞典在全国范围内推行集就业与升学于一体的综合高中(也译作“统合高中”)，取代以往各种高中类型，综合高中开设人文与社会科学、经济科学、技术与自然科学三大领域的系列课程，同时面向就业和升学，学制分两年、三年或四年不等，两年制是为就业做准备的，三年或四年制既有为上大学准备的，也有为就业准备的。1991 年瑞典政府对《教育法》进行大幅修订，制定了新的教育体制，于 1992—1993 学年实施，对综合高中进行进一步改革，统一高中学制为三年制。2011 年秋季开始，瑞典再次启动高中课程改革，颁布了高中所有学科的新课程、新大纲和新评价标准。

高级中学教育紧随义务教育之后，也被称作综合进阶中学教育，或后期中等教育，不强制参加，完成义务教育之后的学生都可以直接升入高级中学，也可以先在社会上进行一段时间的实践，只要在 20 岁之前申请都可以进入高级中学继续学习。瑞典高级中学教育最大的特点就是实现普通教育和职业教育一体化，学校会提供集就业与升学一体的综合课程。瑞典《教育法》规定：高级中学教育的目的应是培养学生获得、深化和应用知识的能力，促进独立和合作能力的发展，为未来的学习和工作做好准备，也为个人发展和积极参与社会生活奠定良好的基础。总体来看，瑞典的高中可分为高级中学和学习障碍高级中学两种类型。

（1）高级中学（upper-secondary school）

高级中学学制为三年，开设的课程有国家课程、特定项目学习课程、独立学校课程以及入门课程等。国家课程分为两大类，即职业类课程（职业科）和高等教育准备课程（普通科）。国家课程一共有 18 门，其中 12 门为职业类课程，如儿童保育、建筑工程、车辆和运输、商业管理、手工艺、酒店和旅游、餐馆管理和食物、健康和社会照顾等，能够为学生进入社会某种职业做充分的准备；另外 6 门为高等教育准备课程，主要是面向计划进入高等教育继续深造的学生，包括商业管理和经济学、艺术、人文、自然科学、社会科学、技术。但这并不意味着选择职业类课程的学生就不能升入大学，学生学习合格，达到相应要求之后也可以升入高等院校。

特定项目学习课程是为某些地区或某些学生量身定制的课程，旨在满足其特殊需求，属于因地制宜与因材施教相结合的特别课程，自 2008 年以来，瑞典陆续有 19 所高中为拔尖学生专门开设部分大学课程，满足其超前的求知欲望，培养专门的精英人才。独立学校课程以国家课程大纲为指导，教学目标与公立学校相同，但教育模式不同。独立学校开设的课程与特定项目学习课程一般会和某一个国家课程相关，所以有时候也被视为国家课程一类。入门课程，即初级课程，是针对那些不符合国家课程入学条件的学生而设计，例如没有达到国家课程方案成绩要求的学生或刚刚移民进入瑞典需要接受瑞典语教育的学生，学校会基于学生的兴趣和需要制定个性化的学习计划，帮助他们进入社会、升入高中或进入其他形式的教育。在2018—2019学年，约35万学生就读高级中学，其中30万人选择了国家课程。

(2) 学习障碍高级中学(upper-secondary school for students with learning disabilities)

在学习障碍义务教育学校完成义务教育的学生，可以在学习障碍高级中学继续接受四年高级中学教育，学校会提供特定的学习计划支持学生发展，主要包括手工艺、酒店餐饮等九门职业类国家课程和涵盖家政、体育与健康等六大主题的个人课程。根据《高中学校条例》规定，学校还必须根据学生的特殊需要开设必要的科目，例如对聋哑学生必须开设手语课程。在2018—2019学年，学习障碍高级中学共有6 172名学生就读，58％参加了国家课程，而42％参加了个人课程。

瑞典高级中学课程兼顾职业取向和升学取向，既能满足不同个体的学习需要和职业诉求，又可以培养有专业技能和较高素养的社会人才，形成了独具特色的高中课程系统，高级中学教育中的职业课程也成为瑞典职业教育的重要组成部分。

4. 高等教育

瑞典的高等教育主要指所有高中后的教育，包括专科、本科和研究生等不同的层次，主要有通常意义上的大学和学院以及侧重职业教育的高等职业教育两种类型。

(1) 高等教育(higher education)

瑞典的高等教育有着悠久历史。早在1477年,瑞典就在古都乌普萨拉市(曾是瑞典的首都)建立了瑞典也是北欧地区的第一所大学——乌普萨拉大学,诺贝尔奖创立者阿尔弗雷德·诺贝尔,瑞典著名物理化学家、因建立电离学说获得诺贝尔化学奖的斯万特·奥古斯特·阿伦尼乌斯,联合国前秘书长达格·哈马舍尔德,通信软件Skype创始人尼可拉斯·曾斯特罗姆等众多世界知名人物曾在此求学或任教。乌普萨拉大学最早期的教学活动主要集中在哲学、神学与法学,主要是培养神职人员,只有男性可以入学。随着科技革命和教育理念的发展,19世纪至20世纪初期,医学、农学、经济和工商管理等内容也进入高等教育,逐步确立了高等教育机构教育、研究和职业培训的使命,但高等教育的总体规模并不大。二战后,新的大学和专业出现,招生规模迅速扩大,高等教育开始走向大众。1977年,瑞典进行了一次至关重要的高等教育改革,通过了《高等教育法令》,重组高等教育部门,师范培训、新闻、护理等各种类型的高中后教育培训机构、艺术学院等都被纳入大学系统,进一步扩大了招生范围。20世纪90年代,瑞典先后通过了《高等教育法》(1992年)、《高等教育条例》(1993年),进一步采取分权化措施,给予高等院校更多的自主权,政府主要转向对大学进行宏观管理和督导。进入21世纪之后,在"博洛尼亚进程"的推动下,瑞典高等教育通过2007年的学位改革适应了欧洲标准,与欧洲许多国家相互承认大学的毕业证书和成绩。今天的瑞典高等教育紧跟国际发展形势,特别是在国际化程度的提高方面,瑞典接受外国学生的比例很高,许多瑞典学生在国际大学完成部分或全部教育。瑞典也加大力度发展在线教育。

瑞典的高等教育可划分为三个阶段:第一阶段为本科阶段,学制三年,完成后可以获得大学文凭和学士学位;第二阶段为硕士阶段,学制1~2年,完成后可获得硕士学位;第三阶段设立硕士上学位(Licentiate

Degree)和博士学位，前者需要攻读2年，后者需要攻读4年。瑞典现有约50所高等教育机构，大部分为大学或学院，少部分为独立机构，其中大学和学院的不同之处在于授予学位的权限不同，大学有权授予三个阶段的学位，而学院经过申请才可以颁发特定领域内第二、三阶段的学位。

(2) 高等职业教育(higher vocational education)

瑞典的高等职业教育起步较晚，1996年才开始开展高等职业教育。2001年瑞典颁布《高级职业教育法案》(Advanced Vocational Education Act)和《高级职业教育条例》(Advanced Vocational Education Ordinance)，使高等职业教育成为瑞典教育体系中的一部分，这一阶段高等职业教育开展的课程在瑞典语中被称为KY课程①。到2009年，瑞典议会批准《高等职业教育法》和《高等职业教育条例》，标志着瑞典高等职业教育体系的进一步确立，高等职业教育的课程改称为YH课程②。同时，为了接轨欧盟教育职业一体化，瑞典政府决定将中学后的所有职业教育和培训都整合到高等职业教育框架当中，并建立相应的国家职业资格证书体系，由国家高职教育署进行统一管理。

瑞典高等职业教育面向具有高中毕业或同等水平的成人，由企业、市政当局、高等教育机构等联合开设课程计划，即YH课程。为了满足市场对劳动力的需求，YH课程提供了互联网技术、保健等16个职业方向，每个职业方向又有数量不等的学习计划，课程安排将理论学习和工作实践

---

① 高等职业教育试点(Advanced Vocational Education)，瑞典语的缩写为KY。KY课程中基本的项目单位为学习计划。它是按照相关职业的要求制定的一套完整的课程的组合。课程内容既包括相关职业需要的基础知识(有可能是高中阶段的补充课程)、高等教育的高级课程，也包括职业培训知识。不仅有一定深度和广度的理论知识，而且有实践应用的方法、技巧和经验，并切实与职业市场的真正需求完全一致。通常的理论课程科目有：数学和自然科学，计算机技术及应用，经济学和经济思想，社会和文化，语言和交流。而国家明确规定，在整个学习过程中，三分之一的课程是工作场所实习培训(在职岗位培训)。

② 指新的高职教育课程(Higher Vocational Education Courses)，瑞典语缩写为YH。

相结合，时长灵活，从一年到三年不等，并且大约 1/4 的时间要到对口的单位实习。在高等职业教育完成学习之后，学生获得了进入职场的必备技能，通常毕业后就能找到工作，就业率非常高。佛朗斯克德商学院(Frans Schartau Business Institute)是瑞典一所享有盛誉的高等职业学院，开设儿童专科护士、酒店管理等十余门 YH 课程，有统计数据表明，该学校 93%的学生在毕业后六个月内就能拥有一份工作。

瑞典虽然人口只有 1 000 余万，但拥有世界上最发达的高等教育体系，高等教育普及率高。据统计，2019 年，瑞典 25～34 岁的人口中有近一半的人受教育水平达到了高等教育层次。瑞典的高等教育是社会福利的一部分，故不收取学生费用，是欧洲少数几个高等教育完全免费的国家。

虽然是“免费”的，但瑞典高等教育的教学和研究都质量不俗，在国际上也受到好评，每年都吸引许多国际留学生前来求学。2020 年泰晤士高等教育世界大学排名显示，在世界排名前两百的大学中，瑞典占有 5 个，分别是卡罗林斯卡学院、隆德大学、乌普萨拉大学、斯德哥尔摩大学以及哥德堡大学，许多著名人物都曾在这些大学就读或者任教过，比如被誉为植物学天才的卡尔·林奈(乌普萨拉大学)、创立了摄氏温标的安德斯·摄尔西斯(乌普萨拉大学)、第一位获得诺贝尔化学奖的瑞典人阿伦尼乌斯(斯德哥尔摩大学)等。

5. 成人教育

瑞典的成人教育历史悠久，1868 年建立第一所民众高中，1902 年第一个“学习圈”诞生，1967 年颁布《成人教育法案》，正式设立“市立成人教育”，为成人提供更多的接受正规教育的机会。1991 年，瑞典设立国家成人教育委员会，负责全国成人教育的组织和实施，并于 1994 年对市立成人教育课程进行重新修订，学生年满 20 岁即可申请入学，可采取全日制、非全日制或业余学习等形式，以获取相当于高中职业类课程的知识。2011 年颁布的《成人教育条例》制定了有关市政成人教育、成人特殊教育和移民瑞典语教育相关法规。2020 年 6 月，瑞典政府向议会提交了一项有关成人教育法的提案，以加强成人的能力建设，加速移民融合并促进成人的再培训和技能提升。

瑞典成人教育旨在为因故中断中学教育的学生、想要提高劳动力市场竞争力以及拥有继续学习热情的成年人提供课程，支持和激励他们增加知识、锻炼技能以更好地适应社会。瑞典成人教育可以大致分为两类。一类是由政府全额资助的正规成人教育，以成人中高等教育为代表，包括成人中高等教育、成人特殊教育和移民瑞典语教育三种形式；另一类则是非正规的大众教育，以民众高中为代表，所有课程全部免费，还会给学生提供适当的资助。

(1) 市立成人教育(Municipal Adult Education，MAE)

市立成人教育为正规成人教育，主要由市政当局组织，为成年人提供机会学习中高等教育相对应的知识，以及参与社会和工作生活所需的知识和技能。市立成人教育基本上可以提供义务教育和高级中学教育中所有的课程，课程的学习目标相同，课程内容、范围和方向可能存在部分差异。如果市政居民缺乏在义务教育阶段的学校获得教育的能力，则从其年满 20 岁的下半年开始，每位市政居民都有权接受基础成人教育。2019 年，共有 261 000 名学生接受此类成人教育，占 20～64 岁人口的 4%。市立成人教育还包括普通成人中高等教育、成人特殊教育和移民瑞典语教育。移民瑞典语教育(Swedish For Immigrants，SFI)旨在为母语不是瑞典语的成年人提供瑞典语的基础知识，培养学生的语言交际技能，为移民就业和融入瑞典社会奠定基础。很多成人高中设有 SFI 课程。早期，学习瑞典语不仅免费，还有课时补贴，一个学时补贴 80 克朗，后改为考试通过后，发一次性奖金。

(2) 民众高中(Folk high schools)

民众高中在我国有多种译法,如民俗高中、民间学院、民间成人教育、民众高等学校等。大部分由各种协会、民间组织举办,一般不计成绩,不发文凭,有短期课程、暑期课程、代培课程、专题课程、网络课程等形式。瑞典现有民众高中 154 所,112 所由非政府组织举办,其余由省或市政当局管理。民众高中通常招收 18 岁以上的成人,入学是免费的,有时个人需要支付食宿和课本的费用。民众高中既提供瑞典语、英语、数学等一般课程,提高学生的文化知识水平,也有以兴趣为导向的音乐、戏剧、媒体等特别课程,以及一些职业课程。凡在民众高中完成一至三年课程,并在高中核心科目课程中取得"及格"成绩的人,被视为具备接受高等教育的基本资格。

此外,瑞典的成人教育还有"学习圈"(兴趣学习小组)、研习协会、成人远程教育等形式。

(二) 先进的教育理念

让瑞典教育吸引全球目光的不仅是教育的高普及率,还有渗透在整个教育体系中富有人文情怀和发展眼光的先进教育理念,尤其体现为注重教育公平、尊重个性发展和倡导终身学习。

1. 注重教育公平

瑞典注重教育公平,在人才培养方面,"不要天才要平等"已成为全社会的共识,比起让少数人拥有稀有的教育,不如让每个人都享有平等的教育,促进全社会的共同进步。瑞典把提高国民的整体受教育水平作为施政要旨,在教育中践行公平的道德价值观,尽量做到"不让社会出现落伍者",使之成为社会公平的重要基石。瑞典全民教育普及,失学率(即在给定教育水平的官方年龄范围内未入学儿童的百分比)通常是一种衡量获得受教育机会的方法，2018 年，经合组织国家小学、初中、高级中学的失学率分别为 1.23％、2.09％、7.65％，而瑞典为 0.13％、0.86％和 5.09％。

瑞典将教育公平写入了《教育法》，从学前教育到成人教育，形成完善的教育体系。瑞典大多数的学校属于公立学校，政府大力投入资金支持公立学校发展，使得瑞典成为经合组织国家中少有的公立学校花销高于私立学校的国家。在瑞典，一般而言，五大类教育都是免费的。高级中学教育虽然不属于义务教育，但高级中学实行免费教育，学生可免费跨市上学，凡成绩符合高级中学入学要求的学生均可进入高级中学学习，对于不符合要求的学生提供补救性课程，帮助其获得高级中学入学资格。义务教育、高级中学教育的课程目标与架构统一由议会与政府制定，各地市政府与学校负责执行与达成课程的目标，国家教育署负责监督与评估各市政府与学校的表现。瑞典高等教育普及率也非常高，据统计，2019 年，瑞典 25～34 岁的人口中有近一半的人受教育水平达到了高等教育层次。瑞典的高等教育是社会福利的一部分，不收取学生费用，瑞典是欧洲少数几个高等教育完全免费的国家。

瑞典各级学校教育大纲、指导计划中都指出，要在教育教学中践行人人平等的理念，奉行“全纳教育”宗旨①，努力推动地区、城乡、校际教育质量差距的缩小，采取各类措施保障特殊儿童和女性享有公平的教育权利。瑞典是全球性别平等理念推行最得力的国家之一，在教育领域也得以体现，大学生群体中女性占比达 60％，并且女性获得博士学位人数与男性基本持平，在成人教育项目中女性更是占到了大多数。瑞典的特殊教育奉行“特教不特”的原则，也就是主张让残疾人能够在与正常人相同或相似

---

① 全纳教育(inclusive education)是 1994 年 6 月 10 日在西班牙萨拉曼卡召开的《世界特殊需要教育大会》上通过的一项宣言中提出的一种新的教育理念和教育过程。全纳教育作为一种教育思潮，它容纳所有学生，反对歧视排斥，促进积极参与，注重集体合作，满足不同需求，是一种没有排斥、没有歧视、没有分类的教育。

的条件中学习和生活，促使他们健康成长与发展，一方面各个学段中的特殊学校都开设与正常学校相近的课程，同样地尊重学生的权利和选择，另一方面争取让残疾儿童融合到普通教育当中，例如属于学习障碍义务教育学校的目标群体的学生也可以被普通义务教育学校录取，最长试用期为6个月。

2. 尊重个性发展

瑞典女教育家爱伦·凯(Ellen Key)曾写下教育学巨著《儿童的世纪》(*The Century of Child*)，提出20世纪是儿童的世纪，教育者应该充分了解儿童，并保护儿童天真、自然的本性。瑞典的教育充分尊重学生的天性，折射人性的光芒。

第一是指向个体的教育目标。瑞典的义务教育、高级中学教育的大纲均明确指出学校的任务是鼓励所有学生发掘自己作为个人的独特性，从而能够通过尽自己最大的、负责任的自由来参与社会生活。

第二是寓教于乐的教学方法。教师在教学过程中尊重儿童喜欢玩耍的天性，鼓励将游戏作为教学的一部分。游戏是一种符合儿童身心发展要求的快乐而自主的实践活动，是孩子特有的一种学习形式。教师注重寓教于乐，常常带领学生亲近自然，解放天性；以生为本，鼓励学生自主探究；充分发掘潜能，让学生展现自己独特的才能。尼尔森是瑞典的一位退休教授，在瑞典西部的哥德堡开设了一个名为“学习之家”的工作坊。他的工作旨在证明乐趣和学习真的并不对立，对象同时包括学生和教育工作者。他认为，“通过死记硬背的方式将大量事实硬塞入左脑是没有用的”，“我们需要加入幻想和创造力来将知识融会贯通”。

第三是科学的学习评价制度。瑞典不举行各级各类的期末考试，也不采用考试分数衡量学生水平，而是有一套科学的评价制度。瑞典在基础教育中应用等级制评价体系，也就是相当于“学业成绩标准”，当学生完成了课程大纲中规定的学科目标，被认定具有相应学历之后，就获得对应的等级，不同等级对应不同的能力层次和知识水平的要求，同时教师还要为每位学生制定成长报告，描述学生优缺点，以及学校为学生的成长提供的支持和帮助，充分反映出学生个体的不同。如此，便避免了使用常模参照评分系统会带来的过度竞争，能够让所有的学生在学校开设的各门课程中表现自己的水平，而不是过分强调标准化的考试致使学生的个性被束缚和扼杀。在瑞典，虽然要求一定年级的学生参加标准化的测验，但是这些测验是为了让评分量表标准化，使得每一所学校能与全国情况进行比较，而不是用来评价单个学生的。

通过制订完善的课程方案和学习计划，采用灵活的教学方法和科学的评价制度，提高教师对学生的关照度，尊重儿童的差别，保护儿童的天性和个性，瑞典教育得以最大限度地保障个性化教育的实施。

3. 倡导终身学习

瑞典的终身教育受到国家重视，也被民众广泛接受。如前所述，瑞典拥有完善的学校教育体系，既有强制执行的国家课程，也有富有个性特点的特殊学习计划，可供学生按照自己的兴趣选择。除了完善的学校教育体系，瑞典的非学校教育也形式多样，成人也十分注重提升自己，整个社会“终身学习”的氛围非常浓厚。欧洲职业培训发展中心（Cedefop）官网显示，2019 年瑞典超过 34％的成年人参与终身学习，成为欧盟终身学习参与率最高的国家。

除了各种形式的成人教育，瑞典的“学习圈”活动也极具特色。奥斯卡・奥尔森（Oscar Olsson）是创建瑞典“学习圈”的先驱，早在 1902 年就在瑞典设立了第一个“学习圈”，他将“学习圈”定义为“志同道合的朋友聚在一起讨论问题和学科知识的小圈子”。2001 年瑞典正式设立国家终身学习中心（National Centre of Lifelong Learning）；2004 年，瑞典政府投资

13亿克朗支持国家学习协会；2006年，增加对成人教育协会和民众中学的财政支持，每年划拨30亿经费，为“学习圈”等非正式教育提供更多的财力和物力支持。

此外，瑞典还有各类公共社区图书馆、多样的教育文化活动。瑞典的“学习圈”文化和学习型社会受到世界各国的关注，瑞典成为一个无论何时学习都能够免费的国家，被视为终身学习体系的国家典范。

（三）特色教育类型

1. 可持续发展教育

瑞典人的环保意识普遍较高，他们秉持“有度”的生活哲学观念[①]，反对过度消费、铺张浪费，主张保护森林、热爱自然、珍爱环境，促进社会的可持续发展，这源于瑞典人从小就接受到的与人口、资源、环境密切相关的可持续发展教育。瑞典的可持续发展教育贯穿基础教育和高等教育阶段，甚至渗透在社区、企业文化当中，已经形成了全社会的教育氛围，可持续发展教育也已成为瑞典特色教育类型之一。

瑞典的可持续发展教育是建立在环境教育基础上的。早在1969年版的瑞典国家课程中就首先出现“环境”一词；1972年6月5日，联合国第一次人类环境会议就是在瑞典首都斯德哥尔摩举行，会议通过了著名的《人类环境宣言》及保护全球环境的“行动计划”，并且将每年的6月5日定为“世界环境日”；瑞典1985年修订的《教育法》，在价值观目标中提出“鼓励对学生自身价值观的尊重和对我们共享的环境的尊重”。

进入20世纪90年代，顺应可持续发展理念的不断深入人心，可持续

---

① Lagom是瑞典人经常挂在嘴边的一个词语，它几乎可以用在任何一件事情上。简单来说，lagom指的是“不太多，也不太少”“刚刚好”。中信出版社2019年4月1日出版的《有度·瑞典人为什么自在》将“Lagom”翻译为“有度”。瑞典在很多方面是遵循“有度”这个生活哲学观念。比如，对大自然的不过度开发就是一种有度，不过分追求生活的奢侈就是有度生活。

发展教育的日益受到重视，瑞典政府也把实现可持续发展作为其重大战略目标，学校教育则被视为实现这一目标的重要途径。1992 年的国家课程改革中，提出要增加环境问题，与环境相关的生活质量问题和伦理道德问题，要加强生活方式对环境影响的认识。在瑞典义务教育阶段的国家教学大纲中，16 门课程中有 9 门明确有可持续发展教育方面的要求，如物理课中要求培养学生从环境、能源以及资源的角度了解人类各种活动以及各种人工建筑所带来的后果；化学课中提出使学生具备化学理论知识，并能把个人经验应用于处理环境、安全与健康问题；在生物课中提出要培养学生关心自然并为自然负责的态度等。在瑞典，可持续发展是高级中学的必修课，要修满 40 课时。

瑞典中小学可持续发展教育的目的不仅在于提高学生的环境意识、增长环保知识，更重要的特点在于突出培养学生的可持续发展思维方式，培养可持续发展的环境行为。为了使所有学校参加到实现可持续发展的进程中，瑞典政府颁布法案实施生态学校计划和绿色学校奖计划，其目的是通过生态或绿色学校的创建，使可持续发展教育成为贯穿在学校各方面的一种整体性的工作方法。在环境领域做出突出贡献的学校将获得绿色学校奖。除教师在学科教学中要融入可持续发展教育相关内容外，学校加大对校园生态环境的建设，很多学校设有能够实现垃圾分类、废物利用、太阳能发电等的设施，充分发挥校园环境的教育隐喻作用；此外，学校还组织开展以可持续发展为主题的教育实践活动，培养学生的可持续发展意识和行动能力。曾有斯德哥尔摩市一所中学的学生发现市区某个垃圾收集中心位置不合理，通过调研后向市政府递交报告，市政府考察后接受了学生的提议。这种案例在瑞典并不是个案。

瑞典法律要求每一所大学都必须教授与可持续发展相关的内容。2019 年《泰晤士高等教育》发布了全球首份“世界大学影响力排名”，这次排名不是以传统的教学环境、科研成果等作为依据，而是将联合国 2030

年可持续发展目标作为评价标准，评估全球层面高等教育机构对于社会的贡献度。在世界排名前十位的大学中瑞典就占有两席，分别是哥德堡大学和 KTH 皇家理工学院，这对瑞典高校为联合国可持续发展目标做出贡献的实践予以了充分认可。

瑞典人深谙友好的环境在未来将会越来越重要，可持续发展教育的理念早已贯穿了各级各类的教育活动，成为瑞典人教育生活的重要组成部分，瑞典的儿童从小就可以在学校、社区等地方接触并参与相关的活动，在潜移默化中培养可持续发展意识。

2. 创新教育

瑞典是一个具有创新传统的国家。“以科技来解决问题”是瑞典人百年来的传统。已经进入我们日常生活的拉链、汽车安全带等发明都来自瑞典，大名鼎鼎的诺贝尔奖每年都在瑞典颁发。阿尔弗雷德·贝恩哈德·诺贝尔(Alfred Bernhard Nobel)生于瑞典首都斯德哥尔摩，是杰出的化学家、发明家、企业家，一生获得技术发明专利 355 项，其中以硝化甘油制作炸药的发明最为闻名。迄今为止，瑞典共有 30 多位科学家获得过诺贝尔科学奖。第二次世界大战以后，瑞典从经济结构转型中更深刻认识到，由知识和人才支撑的高新技术才是持续推动经济发展的不竭动力，故此，瑞典更加注重研发与创新，并深耕于教育之上，重视创新教育，因为瑞典了解教育与训练会影响公民的科技素养与能力，而这是决定国家创新力的关键。

在瑞典，义务教育的一大重点是培养学生对科学以及科技的兴趣，课程设置以培养兴趣为主，除语文、数学和自然等必修课外，还有家政课和手工艺课等培养动手能力的课程。义务教育中科技教育的目标一是在传统知识和科技文化的发展上培养学生的洞察力，以及了解科技在过去和现在是如何影响社会与自然的；二是将熟悉的科技灵活应用于家庭或工作场所中，让科技知识融合于生活；三是发展出能通过审视过去来评估不同科技行为产生之后果的能力；四是发展出将科技知识与自身对世界和实际行动的意见相融合的能力；五是发展出在技术和能力上的关注力，以及在处理科技问题时的判断能力。

瑞典还根据中小学生的身心特点，开发了大量的创新创业教育课程和游戏，使学生们从小就对创新、创业产生兴趣，还设计了多项激发创造力的活动，如“天才之光”“小小企业家”“年轻企业家”“72 小时创新竞赛”等。“72 小时创新竞赛”是瑞典首创的比赛，在这个比赛中不同专业和学历背景的人组成创作小组，借助科学家、工业设计和专利专家的指导和支持，在持续 72 小时当中完成创意、制作、评估、专利注册等完整的产品创新环节，最终提交符合专利保护条件的新型产品或新型服务。2007 年，“72 小时创新竞赛”第一次在瑞典举办时，当时最年轻的参赛者是一位 14 岁的女孩，她设计了一款可调节的蜡烛台，在比赛结束时，其专利已经被瑞典知名室内装饰商店 DUKE 购买，并预期会有很好的市场前景。

除此之外，瑞典各级学校课程注重理论与实践并举，培养学生在动手实践中思考，教师在课堂上营造民主自由的氛围，启发学生表达自己的观点，组织小组合作探究和解决问题，这些都有利于学生创新意识和能力的培养。在瑞典，创新教育鼓励学生大胆提出自己的想法，勇于尝试，付诸实践，从而不断延续创新的传统。

高等教育是创新人才培养的重要基地。瑞典的科学研究主要由高等教育机构和社会企业所承担，国家财政对科学研究给予大力支持，高等教育部门在瑞典的研究与开发(R&D)中占有相当大的比例。瑞典政府在各个研究型大学中建立并资助创新卓越中心，推动创新人才培养和提升大学的创新能力。1998 年瑞典政府颁布规定：大学的使命除了教育和研究职能外，还要参与社会环境建设、向外界传播学术研究信息、促使公众获取相关科研成果，以进一步加强高等教育和企业的合作，刺激研究成果商业化，以及大学中创新型企业的衍生。此外，瑞典还有许多私营或国有企业联手与学术团体合作，目的是共同开发新的产品、服务项目和运行模式。在瑞典，与高校之间有合作关系的企业比例高达45.9%。

3. 家政教育

瑞典人将家庭视为生活的基础支柱，注重家庭生活的质量。在家居方面，瑞典人崇尚简约、质朴，注重细节，以宜家为首的瑞典家居设计品牌已将北欧风的家装风格带到了世界各地；在家务劳动中，瑞典男性比加拿大、澳大利亚等国家的男性在家务工作中拥有更高的贡献率。随着社会发展和人口老龄化加剧，健康护理等专业家政服务拥有巨大市场，在延续家庭传统、推动性别平等和促进家庭可持续发展的目标下，瑞典教育体系中的家政教育发挥着巨大的作用。

在义务教育阶段，家政教育主要包括“手工”“家与家庭消费知识”两门必修课程，无论男女，所有儿童都必须学习手工、食物烹饪、家庭清洁、储蓄贷款、购物消费等有关知识，了解家庭工作内容和技巧。

高级中学教育阶段，学校提供儿童保育、手工艺、餐饮管理和食物、健康和社会照顾等职业导向的国家课程，通过这些课程的学习，学生具备进入餐饮、保健等领域从事相应工作的能力，也可以为家庭提供较专业的家政咨询和服务。

瑞典的高等教育机构中不少都开设家政相关专业，以著名的乌萨普拉大学为例，该校早在1895年就开设了家政学校，目前在社会科学学院下设有食品科学、营养与膳食学系（Department of Food Studies, Nutrition and Dietetics），除了从事食品和营养相关研究，也为义务教育、高级中学教育阶段培养家政教育老师。

家政教育为了实现个人、家庭和社会生活的幸福与和谐而存在，虽然不是瑞典教育中规模最大的教育类型，却是最能体现和传承瑞典生活价值观念的教育。

三、生活创新特征显著的创新型国家

2020年9月2日，世界知识产权组织(World Intellectual Property Organization，WIPO)与康奈尔大学、欧洲工商管理学院等在日内瓦联合发布了主题为“谁为创新出资?”的《2020年全球创新指数》(Global Innovation Index，GII)报告。报告显示，在全球131个经济体中，瑞士连续10年位列榜首，瑞典紧随其后排名第二。前十名还包括美国、英国、荷兰、丹麦、芬兰、新加坡、德国、韩国(表1-4)。

表1-4　2020年瑞典全球创新指数排名

排名	国家/经济体	创新指数
1	瑞士	66.08
2	瑞典	62.47
3	美国	60.56
4	英国	59.78
5	荷兰	58.76
6	丹麦	57.53
7	芬兰	57.02
8	新加坡	56.61
9	德国	56.55
10	韩国	56.11

资料来源：WIPO.Global Innovation Index 2020——Who Will Finance Innovation?

《2020年全球创新指数》报告以七项主要指标衡量各经济体的创新指

数，即政府效能（Institutions）、人力资本/研发（Human Capital&Research）、基础设施（Infrastructure）、市场成熟度（Market Sophistication）、商业成熟度（Business Sophistication）、知识科技产出（Knowledge&Technology Outputs）以及创新产出（Creative Outputs）。瑞典在商业成熟度、人力资本/研发、知识科技产出以及基础设施等方面的得分均高居世界前5位，创新产出也位列全球第7位（表1-5）。报告指出，瑞士、瑞典、美国将会继续以引领者的身份，推动全球的创新与发展。

表1-5 2020年瑞典全球创新指数具体表现

衡量指标	得分	在全球的排名
政府效能	88.7	11
人力资本/研发	62.4	3
基础设施	64.6	2
市场成熟度	62.3	12
商业成熟度	68.0	1
知识科技产出	59.8	2
创新产出	51.7	7

资料来源：WIPO.Global Innovation Index 2020—Who Will Finance Innovation?

作为世界上极富特色的创新型国家，瑞典的国家创新体系既有类似于其他国家的创新体系特点，也有自己的独特之处。

(一) 瑞典国家创新体系的特点

经合组织（OECD）对国家创新体系（National Innovation System）的定义为：参加新技术发展和扩散的企业、大学、研究机构及中介组成的为创造、储备及转让知识、技能和新产品的相互作用的网络系统。

同其他大多数国家一样，瑞典的国家创新系统中主要有四类要素：政府、大学、研发服务机构，以及企业和集群。这四类要素紧密联系、相互支持、积极合作，构成了完善的国家创新体系结构。

1. 政府的积极参与及支持

世界主要创新强国政府都通过战略规划、法律政策制定等，推动国家创新体系的形成。如从 20 世纪初，美国联邦政府开始出台支持创新政策，实现了创新政策制度化、实体化；在第二次世界大战之前，美国政府又制定了相应的政策和法律来保护创新行为，其中最重要的就是知识产权法；21 世纪以后，政府更加重视创新的作用，支持政策也开始逐步多样化，包括增加政府预算、税收优惠，等等。此外，美国十分重视对中小企业的支持，因为中小企业是美国经济最具活力的一部分，也被认为是创新最重要的一部分。再如韩国更是在短短半个世纪，花大力气建立了一套从基本法、科技振兴法、科技创新特别法、科学技术基本法到各个具体方面较为完善的科技法令体系。

瑞典政府也一向认为，国家对保证瑞典科学的发展和新技术的利用承担着总体上的责任。政府把高等教育作为推行国家创新政策的中坚力量，大力支持各类大学的科研活动，几乎所有瑞典高等院校都能得到政府固定的经费支持，用于科学研究和研究生培养。2001 年，瑞典经济体系的组织架构发生了重要变化。瑞典经济和区域增长局被分成两个部门，一个保留瑞典经济和区域增长局的名称，另一个更名为“瑞典创新署”(VINNOVA)，它是代表瑞典政府推动创新体系发展的具体执行者，其任务是通过优化创新系统以及资助问题导向的研究来促进可持续发展。

2. 高水平的研发投入

世界各国尤其是创新指数较高的国家，其研发支出强度，即研发支出与国内生产总值的比值(GERD/GDP)，基本上都在 3%以上，远超世界平均水平，并有逐年增长的趋势。姜钧译和刘灿(2020)通过整理相关数据发现，2017 年全球国家或地区研发支出强度前三名依次为以色列（4.6%）、韩国（4.5%）、瑞典（3.4%）。由于瑞典的创新体系完善、创新产出效率较高，瑞典不仅是研发高投入国家，而且是研发投入产出较高的国家。

3. 完备的教育体系、充足的人才储备

创新体系完善的国家无一例外都有着十分完备且强大的教育体系，尤其是在高等教育方面体现得尤为明显。并且强大的高等教育系统不仅可以为国家培育人才，也会吸引国外优秀人才的进入。例如美国拥有最多的世界一流大学，这也是美国吸引全球人才的一个十分有利的条件。相类似的瑞士拥有多所世界一流高校，全球顶尖人才来瑞典工作频繁，高学历人才占比凸显，这都为推动国家创新体系的发展与完善创造了良好条件。瑞典同样拥有出色的高等教育体系，并且瑞典政府将资助的科学技术研究开发经费大部分用于高等教育机构，用于政府其他公共部门和私营机构的研发活动较少。这充分表现出国家对高等教育的重视以及教育系统对创新的重要性。

4. 企业为创新的真正主体

世界创新指数较高的国家都秉持“企业是研发及其投入的真正主体”这一准则。如美国创新体系的一个十分重要的特征就是以企业为主体，这种主体地位体现在，企业不仅是创新的决策和投资主体，也是研究和开发的主体；此外企业还是美国创新的最终归宿，创新成果的产业化、市场化最终要由企业去完成，创新的成果和收益由企业和公司共享。再如，瑞士的制药企业研发投入最多，但瑞士的龙头企业全部是私营企业，因此不存在政府针对企业研发而出台的各类研发补助金，政府也不会出手援助濒临倒闭的企业，完全采用市场优胜劣汰的“丛林法则”，通过市场竞争去锤炼企业。瑞士政府在积极引导行业进行创新的同时，“放手”让企业有更多自主权参与竞争与研发，很大程度上提升了企业的国际竞争能力和核心的创新的能力。瑞典的研究开发活动，90％集中在大学和工业企业。在政府的长期培育下，瑞典形成了以科教部门为主导，以高校研究机构为主体，以企业应用和造福人类为最终目的的产学研体制。通过发展科技园区，鼓励在大学内设立高技术创新中继中心，支持高等院校与企业开展合作、建立行业能力中心等措施，促进科技成果的转化。

5. 积极合作、国际化创新

积极开展国际合作与交流，有利于引进国外先进的技术，借助世界科技力量，提高国内基础科学及高新技术等的研发水平，同时也在一定程度上满足了国外市场的发展需求。各创新大国深谙“合作共赢”的真谛，日本与韩国就是借助国际合作促进自身发展的范例，但是日本与韩国又并非简单的技术引进，而是在技术引进、模仿的同时，积极进行自主创新，进行市场化的本土研发，尽可能地利用当地文化和智力，来提高国内基础科学及高新技术等的研发水平与能力，又成为自主创新的典范。瑞典在技术开发方面也积极开展广泛的国际合作，注重利用全球各地的研发资源进行创新，有效利用国际技术和人力资源。在研发方面，瑞典最重要的国际合作伙伴是美国，近些年来还广泛参与欧盟的研究计划。

(二) 简约实用的生活创新特色

品牌价值是一国创新能力和实力的重要体现之一。选取全球知名品牌价值榜品牌金融(Brand Finance)的《2020 年全球最具价值品牌 500 强》榜单、世界品牌实验室(World Brand Lab)的《2020 年世界品牌 500 强》榜单以及中国 CNPP 品牌数据研究院的品牌榜单，梳理总结这三家品牌榜单包括瑞典在内的六个国家世界知名品牌的前 5 位，可以发现相较于世界其他国家，瑞典的全球知名品牌可谓独树一帜。

2020 年 3 月，国际知名榜单品牌金融发布了《2020 年全球最具价值品牌 500 强》报告。其中瑞典等六国的各国品牌前 5 位如表 1－6 所示。

表 1－6 《2020 年全球最具价值品牌 500 强》瑞典等国前 5 位品牌

品牌排名	瑞典	瑞士	美国	韩国	德国	日本
1	宜家	雀巢	亚马逊	三星集团	梅赛德斯奔驰	丰田汽车
2	沃尔沃	瑞士银行	谷歌	SK 集团（能源化工）	大众汽车	三菱集团
3	H&M	Zurich（金融）	苹果	现代集团	宝马	NTT 集团（通讯）
4	Nordea（银行）	劳力士	微软	LG 集团	德国电信	本田
5	Telia Company（电信）	Roche（制药）	脸书	韩国电力公司	保时捷	住友集团（机械）

由世界品牌实验室独家编制的 2020 年度（第 17 届）《世界品牌 500 强》排行榜于 2020 年 12 月 16 日在美国纽约揭晓，其中瑞典等六国品牌前 5 位如表 1－7 所示。

表 1－7 《2020 年世界品牌 500 强》瑞典等国前 5 位品牌

品牌排名	瑞典	瑞士	美国	韩国	德国	日本
1	宜家	雀巢	亚马逊	三星	梅赛德斯奔驰	丰田
2	伊莱克斯	劳力士	谷歌	现代	宝马	本田
3	H&M	瑞信	微软	起亚	思爱普（软件）	花王（日化）
4	绝对伏特加	阿第克（咨询）	苹果	乐金（多元化）	大众	佳能
5	沃尔沃	瑞士银行	耐克	乐天	敦豪（物流）	日本电报电话

中国CNPP品牌数据研究院基于大数据统计及根据市场和参数条件变化的分析研究，测评得出的瑞典等六国各国品牌前5位如表1-8所示。

表1-8　中国CNPP报告瑞典等国前5位品牌

品牌排名	瑞典	瑞士	美国	韩国	德国	日本
1	宜家	雀巢	谷歌	三星	梅赛德斯奔驰	丰田
2	沃尔沃	瑞士银行	苹果	LG	宝马	本田
3	H&M	劳力士	亚马逊	现代	西门子	索尼
4	爱立信	ABB(机电)	微软	SK	保时捷	日产
5	绝对伏特加	瑞信	可口可乐	斗山(机械)	博世	佳能

通过上述榜单我们可以清楚地看到，世界家具品牌巨头宜家(IKEA)在三个榜单中都位居瑞典品牌之首，家庭生活类品牌占据一国品牌之首，在全球所有国家中是极其少见的，并且在瑞典品牌的前5名中，世界知名的快销服饰品牌海恩斯莫里斯(H&M)、食品饮料品牌绝对伏特加、沃尔沃(VOLVO)汽车、爱立信(ERICSSON)通信都与居家生活有关。而日本、德国、韩国则是非常明显地倾向于汽车、机电等重工业企业与品牌，美国是科技产业与品牌占据绝对优势，瑞士则更多的是有关金融、奢侈品等的品牌。

除此之外，不仅是品牌的前五位，如今瑞典的消费市场日益呈现“品牌生活化”的趋势，“家庭生活”领域成为瑞典最重要的消费市场之一，国内外知名品牌很多都与家庭有关：如食品包装产业的Tetra Pak利乐；护理产业的Tena添宁(老人)、丽贝乐(幼儿)、薇尔(女性)、Iyun爱孕；智能家居用品的亚萨合莱、Hasselblad哈苏、雅士高、Esselte易达、Husqvarna Viking富世华唯金；医护产业的AstraZeneca阿斯利康、Molnlycke墨尼克等，还有很多人可能并不知道的安全火柴、拉链、安全带、鼠标、活动扳手和无菌包装等大量贴近生活的实用创新都是瑞典人的杰作。这些都凸显了瑞典简约实用的生活创新特色。

（三）家政教育对瑞典创新发展的作用

一方面，家政教育的熏陶使得瑞典人普遍具有创造创新的意识和动手能力。在瑞典，义务教育课程的设置通常是以培养兴趣和动手能力为主，手工课和家政课等实践类课程占据了相当大的比重。如八年级学生的家政课，半年修缝纫课、半年修木工课，每周一次，学校设有家政教室（有一整套厨房设备）、缝纫教室、木工教室等，学生不分男女都要学习，缝纫课上教学生学习如何制作T恤衫等。高级中学的国家课程分为高等教育准备课程和职业课程两大类，其中职业课程包括儿童保育、手工艺、餐馆管理和食物、健康和社会照顾等多门与家政教育相关的课程。另一方面，家政教育的熏陶使得瑞典人民热爱且注重生活，引起全社会对家庭生活及其相关领域的关注，进而催生了广阔的“家居生活”消费市场，与家庭生活相关的产业经济也十分繁荣。而相关产业的发展又为家政教育体系的完善提供了可能。瑞典家政教育与产业的良好互动，在全球各国中既是特色也形成优势。

创建于1943年的宜家家居（IKEA），自创立以来一直将“为大多数人创造更加美好的日常生活”作为公司努力的方向，宜家品牌始终和提高人们的生活质量联系在一起。宜家的商业理念是提供种类繁多、美观实用、老百姓买得起的家居用品。通常情况下，设计精美的家居用品是为能够买得起的少数人提供的，宜家从一开始走的就是另一条道路，“我们决定站在大众的一边”。以低价格制造好产品，就必须找到既节约成本又富有创新的方法。1956年，宜家开始试用平板包装，即设计能够平板包装、顾客自己组装的产品。自从他们把桌腿卸掉装入汽车的那一天起，平板包装带来的益处就很明显：一辆运输车上装载的货品更多，运输过程中的损坏更少,需要的存储空间更小,大大降低了产品成本;而对于顾客来说,这意味着产品价格更低,而且能够更方便地将货品运送回家。宜家创新的平板包装,宜家家具要自己组装,与瑞典从小的家政教育密切相关。瑞典从小的教育中,木工、简单的家具制作都是必修课程,很多简单的维修都难不倒瑞典人,而且他们很享受这种DIY的过程,在瑞典常常可以看到瑞典人在自家庭院修补围篱、粉刷油漆、做木工等,这些都是他们中学教育里的必修课程。宜家的一个重要策略就是销售的不是产品而是梦想,他们把一套生活态度、价值格调传达给消费者。宜家也非常注重环保,把产品跟公益事业进行联姻,积极参与环保事业。

现代的家政教育不再仅仅局限于某一领域,而包括了有关家庭管理的经济学、使用科学知识改善环境的人类生态学、烹饪与缝纫等持家本领的教育等。覆盖领域更广的家政教育随着时代的进步,在人类社会中的作用越来越突出。受家政教育的影响,瑞典的创新体系有着不同于其他国家的特点,主要表现如下。

(1) 尊重自然,绿色创新

家政教育中的人类生态学使得瑞典人民更加尊重自然、崇尚环境和生态的保护。瑞典是最早实施可持续发展战略的国家之一,国家与政府通过制定严格的政策法规迫使企业不断创新、节能降耗、研发有利于可持续发展的技术和产品。

例如林业是瑞典最重要的产业之一,依据瑞典《森林法案》,森林所有者有权利用森林资源进行生产销售,但是森林所有者必须管理好森林,实现森林的可持续利用。遵照相关法律法规,林业生产者积极发展无污染的造纸、家具生产等产业,不断加大科技含量研发新材料,开发“森林寻宝”等新型休闲体验产品,开展“森林学校”项目增强年轻人对森林知识的兴趣。瑞典人热爱自然,这种环保的治国理念便成为国家创新的动力。比如瑞典对生物燃料等新能源技术的推广上,政府对石油燃料的征税极高，相比较更加优惠的环保型汽车和生物燃料，人们自然选择后者，而公众需求的增加又进一步促进了瑞典清洁能源技术的发展，一个良性的循环机制因此形成。再以宜家家居为例，宜家强调产品“简约、自然、清新、设计精良”的独特风格，大自然和家在人们的生活中占据了重要的位置。实际上，瑞典的家居风格完美再现了大自然：充满了阳光和清新气息，同时又朴实无华。从罗宾床、比斯克桌子到邦格杯子，无不是简约、自然、匠心独具、既设计精良又美观实用。

(2) 顾客至上，服务创新

知识与技术的产生、传播与开发利用是创新过程的三个主要环节。家政教育中的家庭管理经济学更有利于培养与发展为人处世的能力以及协调各方利益的本领，在创新的传播与服务过程中得到展现。

瑞典人为人处世的特点是待人严谨又保持距离感，秉持与崇尚“顾客至上”“需求至上”的理念，服务创新是瑞典国家创新体系的重要特点。瑞典在巩固原有研发优势的基础上，不断拓展服务创新，给国家创新系统注入强大动力。仍以宜家为例，许多人认为宜家只是家居产品零售商，但是宜家公司却将自身定位为服务提供商，公司的宗旨不是为客户提供家居产品，而是帮助客户解决现实生活中的种种问题，为客户提供更舒适的生活。宜家的渠道策略是独立在世界各地开设卖场，直接面向消费者。宜家在全球 40 多个国家设有 180 多家连锁商店。宜家的卖场在人们眼中已不单单是一个购买家居用品的场所，瑞典人成功地使宜家成为一种生活方式的象征，在人们心中，用宜家已经像吃麦当劳、喝星巴克一样，成为一种生活方式的象征。

(3) 独具特色，教育创新

创新来源于制度。一个人口只有 1 000 多万的小国能在创新方面取得如此成功，很大一部分原因是制度。瑞典的文化和教育环境，非常适合培养创新人才。瑞典的学校教育体制非常注重对学生解决实际问题能力的培养。瑞典人从娃娃开始就注重动手能力，因此小学课程设置以培养兴趣为主，小学生在8岁前没有考试，除语文、数学和自然等必修课外，家政课和手工课等培养动手能力的课程占据了相当的比重。

不仅是低年级学习阶段，在九年制义务教育的中年级增加了家庭经济教育与艺术教育，包括缝纫、金工在内的实用科目贯穿教育全段；高级中学开设的课程有的侧重理论、有的侧重职业训练；近年来，瑞典拓宽了高等教育系统，开始大力发展职业导向的大众教育而不只是以学术为导向的精英教育，这一举措克服了过去工程技术短板问题。

瑞典的中学教育很自由开放，很多学生高级中学毕业后会选择先工作几年，在熟悉社会和确定兴趣后再去读大学。瑞典人很少有"学历崇拜"和"职业导向"心理，很多学生都会根据自己的兴趣爱好去技校和职业学校学习，瑞典每年都会有大量的发明和创新在这些学校产生。

瑞典不仅收入均等，也特别强调男女的性别平等，比如在瑞典议会中有50%的议员都是女性，有50%的政府部门的部长也都是女性。社会的环境在潜移默化地告诉大家，瑞典的环境是公平、透明的环境。由于机会均等，公民受教育程度普遍较高，广泛的社会福利政策也让公民摆脱了创业的后顾之忧，这一制度为平衡家庭生活和创新工作压力创造了很好的条件。

第二章　瑞典家政教育的创立与发展

瑞典是世界上开展家政教育最早的国家之一。19 世纪 80 年代就开始为女性开设家政教育课程，而开展不分性别的与家政相关的教育也有近百年的历史。瑞典的家政教育可以分为三个阶段：19 世纪后半叶至 20 世纪中期的萌芽阶段、第二次世界大战（简称“二战”）结束后的建立与发展阶段、20 世纪 90 年代后的新发展阶段。

一、家政教育的萌芽阶段（19 世纪后半叶至 20 世纪中期）

工业化发展下的 19 世纪是各种社会思潮兴起、各方社会力量活跃以及社会变革呼声高涨的时期，可以说，家政教育的出现是这一时代背景下多种因素共同作用的结果。经过 20 世纪前半叶的发展、二战结束以后尤其是 60 年代以来家政教育的男女生共修与普及、90 年代以来的调整，一路走来，瑞典家政教育一直与工业化社会发展同向而行，与社会需求紧密结合。100 多年的发展历程中，瑞典家政教育一直秉承着培养国民的家政素养，在构建个人与家庭、社会、环境良好关系的同时，也为人们提供了职业化发展的可能性。

(一) 家政教育萌生的原动力

与北欧以及西欧家政教育发展比较成熟的国家相比，瑞典家政教育的萌生既有共性之处，也有其特殊性。总体来看，家政教育在瑞典的产生可以归纳为四个主要的原动力：19 世纪后半叶的工业化和城市化、社会民主主义思潮及社会民主党的执政、福利国家的社会制度、公民权与女性权利。而家政教育的发展与普及，又反过来给这些原动力注入与时代发展相适应的新元素。

1. 19 世纪后半叶的工业化和城市化

相较于欧洲其他国家，瑞典的工业化起步较晚。16、17 世纪，瑞典是一个以农业和养牛业为主的落后封建王国，17 世纪瑞典卷入了欧洲大陆发生的数次战争，18 世纪初经历了与俄国的毁灭性战败，18 世纪中叶欧洲开始工业革命时，瑞典还是一个以农业为主的国家，直到 19 世纪，经济上仍然以农业为主，贫穷落后，甚至在工业化起步前夕，瑞典有 80%以上的人口为农民。自 1814 年以后，瑞典不再介入欧洲及世界大国之间的权力争夺与利益冲突，使自己不仅有一个和平的国际环境，而且能够同时与各方进行经济合作与贸易往来。以英国为首的早期工业化国家飞速发展，人口激增、城市化大幅提高了对木材与钢铁的需求，19 世纪中叶，瑞典凭借丰富的自然资源优势，开始了工业化进程。19 世纪 70 年代以来，世界上除日本以外，没有一个国家的经济增长速度能赶得上瑞典。到 19 世纪末，瑞典已完成工业化，跻身世界上最发达、最富裕的国家行列，铁矿开采、冶炼、林产品等成为其支柱产业。

然而，这一时期工业化进程和经济发展并没能够改善瑞典普通民众的生活，相反，社会两极分化严重，贫困加剧，阶级矛盾突出。一方面，少数的资产阶级积累了大量的生产资料和社会财富；另一方面，大批贫困无地的农民成为工业的廉价劳动力，他们作为新兴的工人阶级产生并大量聚集于城市中，生活条件恶劣，贫困普遍存在。工业化和城市化催生了现代家政教育，体现在以下几点：

（1）在瑞典语中，“slöjd”一词指的是一种家庭手工业，人们使用简单的手工工具来制作诸如椅子、桌子、斧头等家用器具和农具。传统社会下，女孩从家庭的女性长辈那里学习编织和缝纫、洗衣和做饭；男孩从父辈处学习家用的各种手工制作。然而，随着19世纪中后期工业化进程的推进，大量劳动力人口从农村进入城市谋生，瑞典也迅速从自给自足的传统农耕社会向工业化的市场经济社会转变。在这一过程中，传统家庭的经济、教育、保障等功能逐步向社会转移，致使大多数儿童难以从家庭中通过模仿习得传统家庭手工技能。家和工作场所的分离，使得世世代代传承下来的“slöjd”传统被破坏了，尤其是在农村地区。在19世纪后半叶兴起的乡村教育运动推动下，为恢复失去的传统，向年轻人传授手工劳动知识，瑞典不少地方开始建立手工艺学校。1882年通过的《小学条例》正式将手工艺列为小学课程的学习科目，这也奠定了20世纪以后中小学家政课程中手工艺课程的基础。

（2）工业化和城市化使得无产阶级的贫困加剧，生活条件恶劣及营养不良问题得到社会的关注，肮脏变质的食物和凌乱的家庭环境在贫困家庭随处可见。工业化早期，男权主义仍是社会的主流思想，家庭角色分工并没有突破传统的男女性别分工。社会认为理想的家庭主妇需要具备一定的管理家庭的知识，她们需要接受包括食品、清洁、洗衣等家务训练以及家庭关系、儿童保育方面知识教育，特别是营养学和营养生理学方面的知识，以改善家庭的生活及饮食状况。当时的社会进步人士认识到家庭主妇的重要作用，认为接受家政教育是女性更好承担家务劳动的先决条件。因此最初家政教育课程专门为女性开设，具体学习食物保存及烹饪、家庭清洁、衣物缝纫、疾病控制等方面的知识。在19世纪80年代，瑞典首都斯德哥尔摩以及第二大城市哥德堡等城市的一些学校就开设了学校厨房，年长些的女孩(13 岁左右)在学校厨房学习如何烹饪食物。这为女性提供家政知识教育的同时，也为她们可能走上家政职业道路提供了知识和实践基础。

(3) 城市中产阶级价值观和生活方式出现。工业化发展背景下，中产阶级应运而生。马克思将中产阶级定义为“介于以工人为一方和资本家、土地所有者为另一方之间的中间阶级不断增加，中间阶级……直接依靠收入过活，成了作为社会基础的工人身上的沉重负担，同时也增加了上流社会的社会安全和力量”，包括小工业家、小商人、小食利者、富农、医生、律师、牧师、学者和为数不多的管理者。中产阶级的兴起带来了新的价值观和生活方式。中产阶级家庭中男主外，女主内；男性是挣钱养家的人(breadwinner)，女性是家庭主妇(housewife)。家庭之外的经济及政治等公共领域是男性的世界，家庭内部的操持家务、养育孩子等私人领域是女性的世界。用马克斯·韦伯社会分层的三个标准，即经济标准——财富、社会标准——声望、政治标准——权力来分析，工业化下兴起的中产阶级的财富和声望主要源于男性具备一定程度不可替代的管理和技术知识的职业，同时他们还有着强烈的参与政治生活和社会变革的诉求。而中产阶级女性的理想生活是远离琐碎的家务劳动，专职于家庭“私人领域”管理并向社交活动延伸。中产阶级“家”的功能也因此发生了变化，在为家庭成员提供休息空间的同时，也成为他们社交和展示身份的场所。早期面向这类女性的家政教育，就提供着如何维持家庭功能正常运转以及社交的种种知识。而随着中产阶级家庭财富的增加，雇佣有一定专业知识和技能的女佣的可能性也随之增加。这改变了传统社会下只有少数贵族及富裕阶层才用得起家佣的状况，使得中产阶级女性可以远离繁杂的家务劳动，也为早期接受家政教育的普通女性提供了就业机会。

2. 社会民主主义思潮及社会民主党的执政

欧洲是社会民主主义思潮的发祥地，这对19世纪后期以来的欧洲社会产生了深刻和持续性的影响。1899年德国社会民主主义理论家及政治家伯恩斯坦在《社会主义的前提和社会民主党的任务》一书中，首次提出“社会民主主义”一词。作为一种资产阶级思潮，民主、正义、自由、平等是它的主要主张。

社会民主主义思想虽然发端于西欧，但对政党执政影响最大的当属北欧各国，而瑞典则是这一北欧模式的代表。创建于1889年的瑞典第一大党——社会民主党，主张和平、合法和议会民主道路的社会民主主义，从在瑞典出现之初就对社会各方面产生了持久而深远的影响。如果说社会民主主义思潮是瑞典家政教育及家政学科产生的思想助推器，那么社会民主党的执政为瑞典家政教育萌生提供了政治保障。

(1) 在瑞典社会民主党的早期活动中，通过工会运动为社会大众谋取福利是其目标，对将家政教育纳入学校教育发挥了一定的作用。这是因为家政教育在瑞典出现之初就承载着人们对维护美好家庭的愿景，解决工业化发展过程中出现的各种家庭问题以及建设适应新型社会要求的生活方式，是社会各方力量均可接受的温和的社会改良活动。1897年瑞典《国民教育条例》将家政教育规定为女童教育的选修课程。

(2) 1842年，瑞典《国民教育条例》的颁布意味着义务教育的开始。到19世纪末，教育公平成为社会民主主义思潮及社会民主党追求社会平等的重要实践路径。这一时期，在政治、经济及社会力量的推动下，瑞典女子教育开始普及，而家政教育则是早期女性教育的重要构成。女性不仅是早期家政教育的受益者，还成为早期家政教育的主要师资来源。

(3) 1917年，社民党和人民党(现名自由党)组成联合政府，1920年社民党在瑞典历史上第一次单独执政之后，很长时间是瑞典最主要的执政党。在社会民主党执政影响下,20 世纪初到二战结束前,瑞典延长了义务教育年限、扩大了义务教育范围。关于教育公平与性别平等的讨论也越来越受到关注。实行不分性别的普遍的家政教育不仅是公众讨论的话题,也成为政府的一个议题。

3. 福利国家的社会制度

19 世纪中后期,为解决工业化、城市化进程中出现的失业、贫困、阶级矛盾加剧等社会问题,瑞典颁布了一系列社会救助与福利政策。20 世纪 20 年代,在社会民主工党的施政纲领中,提出建设福利国家的基本国策。到第二次世界大战结束,基本形成了福利国家社会保障框架。

(1) 早在工业革命前的 1763 年,瑞典就颁布了首部《济贫法》,1871 年通过了新的《济贫法》。在其现代社会保障制度建立初期,面向贫困者的社会救助及服务是一项重要内容,不少社会有识之士和社会团体参与其中。早期面向女性的家政教育,就通过在几所学校中开设学校厨房,将家政教育与济贫实践结合起来,还带动更多的学校采纳这一做法,并取得一定的成效。可以看出,家政教育不仅肩负着教育女性及家庭的责任,还承担着一定的社会责任。相应地,要求国家承担家政教育责任的呼声越来越高。

(2) 自 1842 年瑞典义务教育立法出台以来,以“平等的教育机会是创造一个公平和平等社会的关键”为核心理念的教育福利一直是瑞典社会保障制度的重要组成部分。重视家庭生活、强调家庭是社会的基础,维持家庭功能的正常运作则是瑞典福利国家社会制度的目标之一。在这一目标下,关于家庭的知识被认为是具有社会价值的。因此,家政教育在一定程度上配合了福利国家社会制度对家庭建设的需要,也与家政教育从出现之初即承载着人们对维护美好家庭的愿景不谋而合。在内在发展和外部需求的共同作用下,从 20 世纪 20 年代开始,家庭生活相关课程纳入瑞典家政课程和公民教育范畴。尽管家政课程只针对女童,公民课程则是男女生的共修课，公民课程和家政学一样，都是围绕家庭和居家生活而开展的。

4. 公民权与女性权利

北欧诸国一直被认为是女性社会地位最高的国家。即便如此，瑞典同样经历了一个从男权社会到男女平等社会的发展历程。随着工业社会的到来，社会生产力迅速提高，越来越多的女性走出家庭步入社会，参与各类社会活动。女性主体意识不断觉醒，她们重新定义与认识自我，为改变不公正待遇不懈努力着，呼吁构建适应社会发展的性别秩序，也由此推动瑞典制订和颁布旨在消除政治、经济和社会领域基于性别差异的歧视的法律和措施。

总体来看，工业化是获得公民权和女性权利的经济推动力，蓬勃开展的工人运动为广大劳动人民公民权和女性权利的获得积累了丰富的斗争经验，而社会民主主义思潮及社会民主党的早期活动则提供了思想基础及政治实现可能性，教育为培育个体公民和女性权利意识提供了思想土壤。1909 年瑞典男性取得了选举权，1921 年女性拥有了选举权，瑞典是女性获得选举权较早的国家之一。

公民权、政治权利、教育权、就业权是早期女性运动的主要成果。有研究指出，家政教育的出现与女性进步及女性教育密不可分。也有学者指出，家政学作为温和的女权主义，在创建早期为妇女走出家庭做出了重要贡献。19 世纪，女子教育逐渐被社会大众接受，1870 年开始允许女性通过考试进入大学学习。到 19 世纪 80 年代，每一个拥有 3 000 人以上人口的城镇都为 6～8 岁女童设立了学校，瑞典语称为 Flickskolor。1853 年，为使偏远地区的孩子有入学机会，瑞典对义务教育法进行了补充规定，在偏远地区设立小规模的学校，当时的国王奥斯卡一世特别下发一封信，信中允许女性可以进入偏远乡村从事小学教师工作。这是女教师一词首次出现在法律文件中。

1856 年，被誉为瑞典现代媒体之父的拉斯·约翰·雅塔(Lars Johan Hierta)向议会提交了一项议案：妇女应该参与学校教育。他认为女性的天性适合教师职业，比如大多女性感情细腻，有耐心和爱心，适合教育教导儿童。1859 年，女性可以谋求小学教职。1864 年，第一所国立女子学校建立，即国立女子师范学校。如果说 19 世纪的瑞典家政教育是面向女性的教育，而到 20 世纪 20 年代，在性别平等与教育公平理念的影响下，男童也应该接受包括家务劳动、家庭关系在内的家政教育的社会讨论越演越热。人们逐渐意识到家庭不仅仅需要家庭主妇承担家务劳动和家庭管理，也需要男性承担家庭责任并支持妻子的家庭事务。

(二) 早期的家政教育活动

1. 女童教育和妇女教育

19 世纪后半叶开始的家政教育，虽然教育对象同为女性，但女童教育和妇女教育不仅是教育对象的年龄不同，更重要的是两者间有着差异化的教育目标和教育路径。面向前者的家政教育是在公共教育体系内进行，而面向后者的家政教育则主要是在职业教育及大众教育之下开展(图 2-1)。

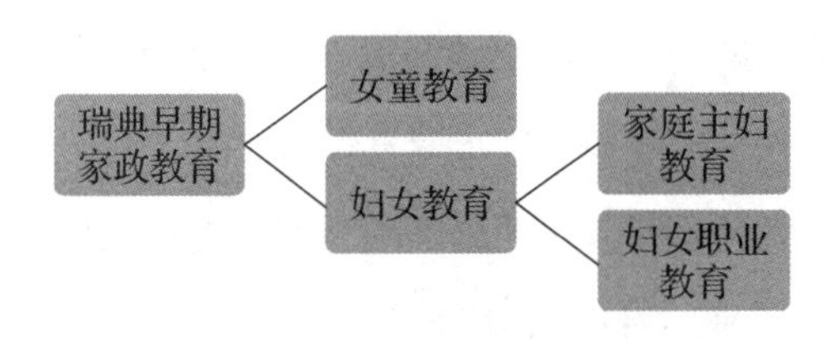

图 2-1 瑞典早期家政教育

(1) 女童教育

1896 年，瑞典政府在学校教育下为女童提供两门手工艺指导，这种教学可以在小学的高级班或继续教育学校提供，由教区当局酌情决定。1897 年，瑞典教育法规首次将家政教育列入其中，但只是作为给女童教育的选修课，教育内容包括食物、清洁、家庭关系和照护孩子的知识，目标是培养女孩成为合格的家庭主妇和佣工。

1909 年，瑞典开设了一所六年制小学（瑞典语为 Folksköran）和一所选修中学，家政学的学习对象仅为女生。1919 年，公民课应运而生，和家政学一样，这门新学科研究的主要内容也是家庭和家政。但所不同的是，这一时期的家政课程只是面向女生，而公民课则是男女都要学习。

早期面向女童的家政教育不仅提供家政课程理论，更主要的是提供家政实践与技能，也提供适应社会发展需求的家庭伦理教育。

(2) 妇女教育

瑞典第一所女子学校 Rudbeckii 女校建立于 1632 年，位于外斯特罗斯市。1732 年于首都斯德哥尔摩建立女校，此后很多地方相继设立女子学校。此时期的教育没有固定的模式和教学结构，旨在为大龄女童提供家务家政知识、基督教义、法语、舞蹈、刺绣等课程，其培养目的是合格的家庭主妇和母亲，而非职业妇女。1876 年第一个新型女子学校在哥德堡市成立，其培养目标不再是家庭主妇，而是面向职场、自食其力的新女性。

瑞典面向妇女的家政教育可以分为职业教育和家庭主妇教育两类，两者的教育对象和目标也不尽相同。前者主要面向社会普通妇女，她们通过知识与实践相结合的家政学习，在有助于自身家庭生活改善的同时，还可能凭借此谋得一份工作。“私人领域”的家务劳动社会化，是社会分工的结果，需要一种职业来填补家庭这一功能的外化。而后者更多面向中上社会阶层妇女，目的是帮助她们更好地管理家庭和社交生活。

早期不管是女童家政教育还是妇女家政教育的教育者和受教育者主要都是女性。19 世纪以来，包括瑞典在内的北欧及西欧国家都在积极培养家政从业者和家政教师。家政教育在帮助女性成为理想的家庭主妇、获得就业机会的同时，也积极支持女性的社会独立。因此，家政教育也被称为“女性职业教育”(Vocational Education for Women)、“女性生活使命教育”(an Education for Women's Mission in Life)、“妇女效率教育”(Women's Education for Efficiency)。然而,这些也反映了家政教育在早期并不得到广泛重视,并具有强烈的性别内涵。

在瑞典早期的家政教育中,不得不提到女性教育家胡尔达·伦丁(Hulda Lundin),一位专注于女性手工艺教育的教育家。1882 年,她创立了瑞典第一所女子手工艺教师培训学院,在其教育生涯中一直坚持“手工艺应作为一种正规的教育手段”。

总体来看,早期瑞典的家政教育是基于承认家庭内部男女性别的传统分工理念上的对女童和妇女的教育,也即认为家庭劳动的责任主要是由家庭中的妇女承担。课程内容主要是围绕女性家务劳动内容而开展的。这与二战以后的教育改革,男女家庭课程共修的理念不相同。同时我们也要看到,瑞典家政教育从产生起就有着多向性的特点:教育对象的多重性,包括女童教育和妇女教育;教育目标的差异性,分为家庭教育与职业教育;教育内容的多样性,包括家务劳动、家庭管理、儿童保育等内容;教育方式的多样性,包含家政知识、家政技能与实践;教育的多层次性,发端于女童初级教育和妇女大众教育,而家政高等教育也随后出现。

2. 国内的家政教育组织

在瑞典家政教育的早期历史中,瑞典家政教师协会(Swedish Home Economics Teachers Association,瑞典文为 Svenska Skolköks Lärarinnors Förening,简称 SSLF)是最早成立的家政教育组织,做出的贡献也最为突出。1906 年,在综合性学校工作的瑞典家政教师成立了这一专业协会,其后还分别为在农村家政学校和职业学校工作的家政教育教师设立专业分支组织。

从成立之初起,瑞典家政教师协会不仅组织在各类学校从事家政教育的教师开展活动,还致力于通过刊物扩大宣传,在更大范围上传播家政知识。成立初期,在瑞典乌普萨拉家政专业高等学校(Fackskolan för

Huslig Ekonomi)和全国家庭妇女联盟联合会(Husmoders Föreningarnas Riksförbund)的协助下,该协会推出了《家庭杂志》(*Tidskrift för Hemmet*)。1916 年协会创办了自己的专属期刊——《家政教师》(*Skolkökslärarinnonas Tidning*)。1916 年到 1923 年,该杂志每月发行 1 次,1924 年开始每年发行 10 次。这一期刊至今仍在发行,在瑞典国内家政教育以及与国际家政的沟通交流中扮演着重要角色(图 2-2)。

瑞典家政教师协会的第一任主席克尔斯汀·海瑟格伦(Kerstin Hesselgren,1872—1964)是早期受益于瑞典新式女童教育的女性,也是第一代从事家政教育专业工作的女性。1908 年她代表瑞典参加了在瑞士弗里堡举办的国际家政联盟成立大会,在世界舞台上推介瑞典的家政教育。海瑟格伦也是一位社会活动家和妇女组织领导人,1921 年成为瑞典历史上第一位女议员。她还是第一位加入瑞典驻国际劳工组织和国际联盟代表团的女性。

图 2-2《家政教师》期刊

伊迪丝·娜塔莉亚·克莱林(Edith Natalia Klarin,1900—1944)被称为是瑞典历史上第一位获得家政学博士学位的女士。1936 年,克莱林从美国威斯康星州立大学获得博士学位,回瑞典后一直从事面向女童和妇女的营养教育工作。她是瑞典首位营养生理学家,是现代营养科学的先驱,倡导改善饮食习惯。

3. 区域间合作及国际参与

受地缘政治关系及经济、文化等方面的影响,北欧诸国,即丹麦、芬兰、冰岛、挪威、瑞典以及法罗群岛间一直在各方面保持着密切的沟通与交流。1909 年，在丹麦家政学者的倡议下，五国在丹麦风景优美的小城索罗举行了第一次家政学共同会议。索罗（Sorø，也翻译为索勒），是丹麦十大最美小镇之一，位于西兰岛中西部，首都哥本哈根以西，是西兰大区首府。索罗悠久的历史可以追溯到 12 世纪中期，是著名的索罗学院（Sorø Academy）遗址所在地。这次共同会议的目的是加强北欧各国的家政教育，最重要的是促进北欧国家间的家政教育教师和学生交流。

国际家政联盟（International Federation for Home Economics，简称IFHE）成立于 1908 年，是一个国际化的非政府组织，在后期的发展中成为联合国的经济和社会理事会、粮农组织、教科文组织、儿童基金会以及欧洲委员会的顾问组织。同年在瑞士西部的弗里堡举行了第一次会议，成立大会的宗旨是引发人们对家务劳动价值和女性教育的关注。尽管存在诸多困难，会议还是吸引了来自 20 个国家的 750 名参与者。克尔斯汀·海瑟格伦代表瑞典参加了这次会议。此后，瑞典代表出席了国际家政联盟的每一次大会，成为该组织的积极参与国和贡献者。

和克尔斯汀·海瑟格伦处于同时期的家政教育先行者——伊达·诺尔比（Ida Norrby），也是早期活跃在国际家政舞台上的瑞典女性代表，她和克尔斯汀·海瑟格伦一同参加国际家政联盟的成立大会。与克尔斯汀·海瑟格伦致力推动的女性大众家政教育有所不同，伊达·诺尔比是瑞典家政高等教育的先驱，是成立于 1894 年的瑞典乌普萨拉家政专业高等学校创始人之一，并担任了学校的首任校长，一生致力于家政高等教育。该校后期并入了乌普萨拉大学。

这一时期活跃的家政人物还有英格堡·沃林（Ingeborg Wallin），她也是瑞典第一代女性家政教师。沃林是 19 世纪晚期到 20 世纪初推广学校烹饪课程的领军人物，长期担任家政学校负责人并编写了大量家政课程教材，代表瑞典参加了 1922 年在法国巴黎召开的国际家政联盟第三次大会。此外，还有格列塔·伯格斯特伦(Greta Bergström)，她也是第一代家政教育的受益者，活跃于为农村女性提供家政教育的培训中，代表瑞典参加了1927年在意大利罗马召开的国际家政联盟第四次大会。

二、家政教育的建立和发展阶段(二战结束至20世纪80年代末)

(一) 瑞典家政教育全国委员会成立

瑞典家政教育全国委员会(Svensk National Kommitté För Hushållsundervising)成立于1947年7月1日，是由几个专业家政教师协会联合成立，并于同年加入国际家政联盟。与1906年成立的瑞典家政教师协会不同，瑞典家政教育全国委员会与政府的关系紧密，1991年前一直作为接受政府领导的官方组织，获得来自政府的经费支持，也接受政府的管理。

安娜·申斯特伦(Anna Schenström)，1933年到1947年是瑞典家政高等专科学校(the Higher School of Specialized Studies in Home Economics)校长，1947年被瑞典政府任命为家政教育全国委员会的第一任主席，任期至1953年。在申斯特伦领导下，瑞典家政教育全国委员会于1947年加入了国际家政联盟。

尽管在这之前有不少瑞典家政教育工作者活跃于国际家政联盟舞台上，但都属于个人行为。1947年是瑞典家政史上具有里程碑意义的一年，标志着瑞典家政教育政府组织参与到国际家政联盟中，瑞典家政教育全国委员会之后也发展为瑞典家政联盟。1949年，该委员会在首都斯德哥尔摩承办了主题为"现代文明与家政指导"(Modern Civilization and

Domestic Instruction)国际家政联盟的第七次世界大会,安娜·申斯特伦担任大会主席。这次大会无疑是瑞典家政历史上的重大事件,来自15个国家的大约600名家政学者参加了这次大会,是预期参加者的两倍。

从历史的角度看,瑞典的家政学与家政教育紧密相连,因此,很长时间内在国际家政联盟中活跃的瑞典人都是家政教育工作者,这与国际家政联盟成员来源的广泛性有较大差别。一直以来,国际家政联盟会员不仅有家政教育工作者,还有其他领域,包括儿童保育、纺织及纺织品、手工艺、食品服务管理和营养等各类专业人员。1947年瑞典家政教育全国委员会成立到20世纪90年代初,瑞典家政教育全国委员会历任主席任职情况如表2-1所示。

表2-1 瑞典家政教育全国委员会历任主席(1947—1992年)

届	主席	任职时间	国际家政联盟任职
1	安娜·申斯特伦(Anna Schenström)	1947—1953	国际家政联盟第七次世界大会主席
2	英格丽德·奥斯瓦尔德·雅各布森(Ingrid Osvald-Jacobsson)	1953—1965	50年代担任国际家政联盟执委会委员
3	格列塔·伯格斯特伦(Greta Bergström)	1965—1977	
4	英格丽·杨森(Ingrid Jansson)	1977—1983	1978—1982年期间担任国际家政联盟执行委员会委员,70年代到1998年担任波多黎各理事会工作
5	伊娃·博雷斯塔姆(Eva Börestam)	1983—1992	

资料来源:A Swedish history of IFHE。

(二)家政教育课程体系基本形成

第二次世界大战结束后尤其是60年代以来,在政府的主导下,瑞典教育改革力度加大。1962年家政课程得到普及，成为义务教育阶段的必修课程，面向所有学生开设。这是瑞典家政教育质的变革，是政府顺应民意、顺应时代发展的结果。二战前，人们就逐渐发现和谐家庭的维持依靠传统的家庭性别分工已经难以实现，在家庭和工作中实现性别平等的基本条件之一是男性和女性、成人和儿童共同承担家务劳动的责任。家政课程通过提供性别平等与家庭活动之间关联的实践和知识，挑战了传统的家庭生态环境，有助于打破传统性别角色，帮助男性和女性认识到他们必须在平等的基础上合作、共同承担起对家庭和家人的责任。因此，国家对家政教育更加重视，在课程设置方面，无论义务教育阶段还是高级中学阶段，家政课程的内容日趋多样化，且围绕培养目标的课程体系基本形成。

1. 义务教育阶段的家政教育课程体系

从19世纪中后期开始到二战结束前，瑞典家政教育只针对女童和妇女，主要内容是围绕家庭，注重包括食物、清洁、洗衣、缝纫、家庭关系和儿童保育知识在内的家庭生活技能的掌握，食品和营养是家政教育发展第一阶段的中心内容。而面向男生的手工艺课程主要教授如椅子、桌子等家用木工制作，以及斧头、叉子等金属手工艺制作。这一阶段的家政课程以围绕家庭生活的初级实用性、技能性为主体，课程设置单一，尚没有形成课程体系，课程间也缺乏相互支撑。家政教育者们已经意识到社会不仅需要重视家政教育的实践知识，还需要科学和理论的支撑。因此，在家政课程中开始融入一定的营养、卫生与健康、社会学与伦理学、教育学、工艺学等基础理论知识。

在1962年《义务教育课程计划》(Lgr62)中，家政教育正式进入国家义务教育体系并成为男女学生共同的必修科目，由手工、家庭科学(含儿童保育)两大类课程构成。追根溯源，手工课程主要源自早期面向男性的手工艺教育，而家庭科学与保育源自针对女性的家政教育。手工类课程包含纺织工艺、木制工艺、金属工艺的材料、制作、成本计算等全流程所涉及的知识和实践。家庭科学是“关于家庭的知识与为了家庭的知识”，包括烹饪与烘焙、家庭整理、衣物洗涤、营养学、房屋维护、家庭知识、经济知识、消费者教育、家庭保健等内容。此外，儿童保育知识也划归在家庭科学课程之下。此外，高年级的选修课程除了商业类、社会经济类、一般实用类等类别中包含家政相关内容，还专门设置了家政类（9ht）课程。1969年《义务教育课程计划》（Lgr69）对部分课程进行了调整，但是家政课程设置基本结构没有变化，还是主要包括手工、家庭科学两门课程，但在1969年的课程计划中，儿童保育有了自己独立的课程大纲。在1980年《义务教育课程计划》（Lgr80）中，家政课程设置上也没有发生大的变动，手工课程依然是家政教育中的重点课程，但儿童保育首次作为一门高年级必修的独立课程出现在课程计划中，与家政教育相关的课程主要包括手工、儿童保育与家庭科学三门课程。之后，虽然瑞典义务教育阶段的课程设置仍在不断进行改革与调整，但20世纪60年代形成的家政课程体系基本没有变化，不仅体现在教育内容上主要由三大类课程构成，还体现在教学构成上不仅有基础的理论和知识的教学，而且重视技能与实践训练。

2. 高级中学阶段的家政教育课程体系

直到20世纪60年代初，瑞典高级中学教育尚分为以升大学为目的的普通学校和提供职业预备教育的职业学校两种，1964年，瑞典议会通过决议，确立了“一体化和综合化”（Integrated and Comprehensive，又称为统合化）的高级中学改革基本方针，将普通高中、商业高中和工业高中合并为“综合高中”，从1971年开始在全国推广综合高中。

与义务教育阶段的课程设置不同，瑞典高级中学教育阶段的家政课程不再作为学生的必修课程。综合高中的教育目标是让学生具备升入高等教育继续学习或进入社会就业的能力，学制从二年到四年不等。在差异化培养目标下不同的课程计划、不同的学制给予学生多样化的选择空间，满足学生继续深造或是就业需求。综合高中的课程设置分为普通科目和职业科目两大类。普通科目基本上不在课程设置中独立开设家政相关课程，只有两年制普通科目中学习经济科、音乐科或社会科的学生，在选修课中可以选修到与家政相关的课程。但在职业科目中的家政教育覆盖范围更广，内容更丰富，针对性更强，指向就业的目的也更加明确。

如综合高中设立之初的 Lgr70 时期（1971—1995 年），职业科目包括 14 个两年制的科，与家政相关的有消费科、护理科、食品加工科和服装加工科 4 个科。其中，消费科与家政的关联性最高，分为家政、消费和餐饮类三个学习计划，修读课程包括一般课程、社会类课程、消费/生产类课程以及护理类课程四大类（表 2－2）。消费科学习计划以二年学制为主，主要是为学生的就业打下基础。例如，选择“餐饮分支”的学生毕业后可直接到医院和学校食堂、饭店等餐饮部门工作，当然，如果学生在一年级和二年级将英语作为选修科目，也就有机会获得接受高等教育的基本资格。

表 2－2　义务教育和高级中学教育阶段家政课程构成

<table>
<tr><th colspan="2" rowspan="2">义务教育阶段</th><th colspan="5">高级中学阶段（消费科）</th></tr>
<tr><th></th><th>一般课程</th><th>社会类课程</th><th>消费/
生产类课程</th><th>护理类</th></tr>
<tr><td rowspan="6">手工</td><td>纺织工艺</td><td rowspan="6">家政
分支</td><td>瑞典语</td><td>职业生涯取向</td><td>住房和环境教育</td><td>健康与护理</td></tr>
<tr><td>木制工艺</td><td>体育</td><td>家庭事务</td><td>饮食教育</td><td>儿童学</td></tr>
<tr><td rowspan="2"></td><td rowspan="2">选修课</td><td>心理学</td><td rowspan="2">纺织学
（包括设计）</td><td>护理与照料</td></tr>
<tr><td>社会学</td><td></td></tr>
<tr><td rowspan="2">金属工艺</td><td rowspan="2">职业指导</td><td>消费知识</td><td rowspan="2"></td><td></td></tr>
<tr><td>经济学</td><td></td></tr>
</table>

（续表）

<table>
<tr><th colspan="2" rowspan="2">义务教育阶段</th><th colspan="5">高级中学阶段（消费科）</th></tr>
<tr><th></th><th>一般课程</th><th>社会类课程</th><th>消费/
生产类课程</th><th>护理类</th></tr>
<tr><td rowspan="11">家庭科学</td><td>烹饪与烘焙</td><td rowspan="5">消费分支</td><td>瑞典语</td><td>职业生涯取向</td><td>住房和环境教育</td><td>健康与护理</td></tr>
<tr><td>家庭整理</td><td>体育</td><td>家庭事务</td><td>饮食教育</td><td>儿童学</td></tr>
<tr><td>衣物洗涤</td><td>选修课</td><td>消费知识</td><td>纺织学（包括设计）</td><td></td></tr>
<tr><td>营养学</td><td>职业指导</td><td>经济学</td><td></td><td></td></tr>
<tr><td>房屋维护</td><td></td><td></td><td></td><td></td></tr>
<tr><td>家庭知识</td><td rowspan="6">餐饮分支</td><td>瑞典语</td><td>职业生涯取向</td><td>住房和环境教育</td><td></td></tr>
<tr><td>经济知识</td><td>体育</td><td>家庭事务</td><td>饮食教育</td><td></td></tr>
<tr><td>消费者教育</td><td>选修课</td><td>心理学</td><td>食品生产
（包括健康和卫生）</td><td></td></tr>
<tr><td>家庭保健</td><td>职业指导</td><td>消费知识</td><td>纺织学（包括设计）</td><td></td></tr>
<tr><td>儿童保育</td><td></td><td>经济学</td><td></td><td></td></tr>
</table>

相较而言，义务教育阶段家政课程主要分为手工和家庭科学两大类，向学生提供不分性别的关于家庭生活的基本知识与技能，体现了义务教育阶段的总目标“向学生传授知识并锻炼他们的技能，并与家庭合作，以促进学生发展成为和谐人才，使之成为自由独立、有能力和负责任的社会成员”。高中阶段的家政教育则与学生的未来接受高等教育或是社会就业关联起来，体现出系统性、专业性、技能性、理论性的结合。

3. 高等教育中的家政学科

（1）学术研究角度的家政学科。根据我国《学科分类与代码国家标准》（GBT13745-2009）中学科的定义，学科是相对独立的知识体系，这里“相对”“独立”和“知识体系”三个概念是定义学科的基础。“相对”强调了学科分类具有不同的角度和侧面，“独立”则使某个具体学科不可被其他学科替代，“知识体系”使“学科”区别于具体的“业务体系”或“产品”。该标准将学科分为一、二、三级，共 62 个一级学科或学科群。例如我国将食品营养学作为食品科学技术一级学科下的三级学科。而瑞典与我国的学科分类有较大不同，以瑞典综合类大学排名第一的乌普萨拉大学(Uppsala University)为例，家政学研究主要由人文及社会科学部下的食品研究、营养与饮食学系承担，家政学相关研究机构也主要附设在该系之下，这和我国食品营养学的学科归属差异较大。

(2) 家政师资及人才培养。自 20 世纪 60 年代以来，瑞典所需的家政教师主要由乌普萨拉大学、哥德堡大学(University of Gothenburg)和于默奥大学(Umeå University)的家政教育学院培养，只有少部分家政教师毕业于克里斯蒂安斯塔德大学(Kristianstad University)家政教育学院。不同大学的家政教师培养计划不尽相同，其中，哥德堡大学的家政系培养了儿童科学、木工和金属加工、食品和营养方面的大量家政教师。到 20 世纪 80 年代末，家政教育学院归入教师教育学院，家政学科成为教师教育中的一个单一学科。例如单科纺织教师需要经过 120 周的培训课程，其中 80 周涉及纺织学科，40 周涉及培训理论与实践。此外，瑞典大学还培养高层次家政人才，家政学研究生需要在该学科领域进行三年的全日制学习与研究。

(三) 家政学科研究

二战结束后瑞典家政学科研究迅速发展，这首先得益于在萌芽阶段奠定的基础。19 世纪后半叶，与家政教育的萌芽相呼应，瑞典也开展了家政学科的早期研究，主要关注工业化和城市化快速发展中社会普遍存在的贫困和营养不良问题。食品和营养不仅是这一阶段家政教育的中心内容，也是这一阶段的主要研究话题。社会有识之士意识到食品和营养知识的普及不仅需要通过大众教育和实践，还需要通过科学研究提供基础理论的支撑。二战结束后，尤其是 60 年代后课程改革中，家政教育的普及以及学科内容的扩展和系统化，在为家政学科研究提供了专业研究人员、学科支撑和机构的同时，也拓宽了研究范围。此外，瑞典不断加强与北欧其他国家的交流，1947 年瑞典家政教育全国委员会成立，同年加入国际家政联盟，这有利于增强与各国家政组织及学者的沟通与交流。

总体来看，这一阶段的家政学科研究呈现出如下特点：

(1) 家政学科研究与家政教育紧密联系。这是瑞典乃至整个北欧国家的一大特色。在研究方向上分为两大类：家政教育及课程研究，家政各学科的研究。研究具有多学科多领域学科交叉的特点，多个学科为家政研究提供基础支撑，包括自然科学中的营养学、化学、生物学、卫生与体育、环境学，以及人文和社会科学中的消费经济学、社会学、心理学等。

(2) 研究内容不断拓展。从萌芽阶段重点关注围绕家庭与家庭生活的私人领域，到建立与发展阶段不断向外延伸至社会公共领域。在瑞典政治体制和价值理念的影响下，家政学科研究较多地进入公共政策空间，为政府政策制定提供理论框架和政策建议。此外，在家政学科研究中，延续早期的传统，食品与营养仍然是家政学科的研究重点，但研究内容不断丰富和拓展，包括合理膳食、营养健康与保健、食品质量等方面。

（四）相关活动

1. 国内相关活动

成立于 1947 年的瑞典家政教育全国委员会是这一阶段瑞典国内最重要的家政教育及研究组织，到 80 年代几乎每年都组织一次研讨会、大型会议或是继续教育活动。1987 年在南部小城利姆福萨（Rimforsa）举办了庆祝委员会成立 40 周年的庆典大会。1988 年该委员会更名为瑞典家政委员会(Swedish Committee for Home Economics,瑞典文为 Svenska Kommittén för Hushållsvetenskap)。从成立之日起,委员会的快速发展与国家直接的经费支持是分不开的,也正是有了这一支持,该组织在很长一段时间活跃在国内及国际家政学及相关活动舞台上。2001 年瑞典家政委员会与北欧家政教育委员会瑞典分部(the Swedish Division of the Nordic Committee for Home Economics Education)重组为瑞典家政委员会(Svenska Kommittén för Hushållsvetenskap,简称 SKHv)。自成立以来,瑞典家政委员会与国际家政联盟、联合国世界粮农组织、欧洲委员会等国际性及地区性组织保持着密切的联系,在一定程度上承担着瑞典政府交付的任务,积极参与相关政府部门的顾问工作。例如,在 1971—1977 年,该委员会协助瑞典国际开发合作署(The Swedish International Development Cooperation Agency,简称 SIDA)招募本国家政学专家。为此,家政委员会在获得了开发合作署经济援助的同时,从 1977 年起在该组织担任多年的顾问一职。此外,家政委员会还致力于将瑞典家政教育的理念向欧共体其他国家尤其是中欧和东欧国家推介。瑞典家政学专家们还在发展中国家担任相关活动顾问,如英格丽·杨森(Ingrid Jansson)1980 年负责了在菲律宾的国际家政联盟大会公报,并在 20 世纪 70 年代到 1998 年在波多黎各理事会工作。

英格丽·奥斯瓦尔德·雅各布森(Ingrid Osvald-Jacobsson)(1896—1987)为瑞典家政学做出了杰出贡献。20 世纪 50 年代雅各布森担任国际家政联盟执行委会成员,1951—1965 年担任瑞典家政教育全国委员会主席。她一生致力于家政教育和妇女职业培训,多次到美国和欧洲其他国家考察,并推广瑞典家政。此外,她还活跃在政治舞台上,是瑞典人民党(现名自由党)成员和议会议员。

2. 区域间及国际活动

1947 年北欧国家成立了一个地区间家政教育合作组织——北欧家政

教育合作委员会(Nordic Committee for Home Economics Education,瑞典文 Nordisk Samarbetskommitté för Hushållsundervisning,简称NSH),是北欧国家教师合作组织中的一个分支。NSH 成立后制定了一些共同的战略,也开展了一些活动,其中一个重要合作成果是从 1963 年起开展了学术性的高层次家政共同教育。

在北欧家政教育合作委员会特别是瑞典代表的提议下,北欧各国教育部长决定建立一所北欧家政科学大学学院(Nordic Household University College,瑞典文为 Nordisk Hushållshögskola,简称 NHH)。该学院并非一个实体的高等教育机构,家政课程由北欧不同的大学或大学学院组织。例如作为北欧家政科学大学学院的学生,他可以到挪威奥斯陆大学学习营养学,到瑞典哥德堡大学学习营养疗法,也可以到瑞典查尔默斯大学学院学习纺织。1996 年该学院关闭,原因是北欧各国和欧盟的教育结构发生了较大变化,学生难以通过学习项目在不同国家获得所需的课程。

三、家政教育的新发展阶段(20 世纪 90 年代以来)

(一) 政府对家政教育的直接支持有所减弱

20 世纪 90 年代以来,国际社会环境发生了较大的变化。一方面,受经济发展缓慢的影响,西欧和北欧国家纷纷削减福利支出,这对各国家政教育及研究都带来不小的波折;另一方面,全球化的发展趋势以及由此引发的更广泛的沟通与交流,对各国家政教育也带来新的发展机遇。受政党政治的波动、社会政策变动、福利支出削减等因素的影响,瑞典家政教育各项活动获得政府支持削弱。1991 年,政府停止了对瑞典家政教育全国委员会的拨款，也不再任命主席，委员会因此改组为非政府组织，所需经费主要依靠向不同基金会申请，获得的支持却难以维持之前的活动规模。

1916年由瑞典家政教师协会创办的《家政教师期刊》，在二战前就有了较快的发展，高峰期的70年代发行达到每年20次。从1991年开始，期刊减少到每年发行8次，几年后又减少到每年6次，但是这份杂志一直在瑞典国内家政教育界有着较高的声誉，并在瑞典家政学委员会和国际家政联盟间担任着桥梁作用。

高等教育发生了较大的变革。家政学研究获得政府资助的力度也有所降低，政府资助主要改为项目形式，但项目结束也就意味着研究难以继续。例如，2011年1月初至2014年底的四年间，乌普萨拉大学从瑞典研究委员会（Swedish Research Council）获得项目资助资金920万克朗，设立了国家家政研究学院（the National Research School in Home Economics），基于无论是在瑞典、其他北欧国家还是国际社会，家政学领域发表的论文都很少，呈现研究缺乏的现状，将国家家政研究学院的目标具体设定为加强家政教育教学计划和家政学研究，特别侧重于食品营养和健康的课程研究。这是因为食品与健康知识已被证明是当代消费社会的一个复杂领域，这意味着需要解决在家政教育背景下学习、感知和应用食品与健康的内容、方式和原因等问题。该研究项目将瑞典国内开设家政学的三所大学和一所大学学院纳入研究院下，由乌普萨拉大学负责管理，并共同培养五名家政学博士。

（二）国际家政学发展与瑞典家政教育

全球有不少国家开设了家政教育的相关课程，也开展了家政学研究，家政教育最为通用的课程名称是家政学（Home Economics）。但在不同的国家有着不同的称呼，如在加拿大叫“人类生态学”（Human Ecology）和“家庭研究”（Family Studies），在英国则称之为“食品技术”（Food Technology），而在美国被称为家庭和消费者科学(Family and Consumer Science),在瑞典,2000年则更名为“家与家庭消费研究”(Home and Consumer Study)。

家政学是时代的产物,家政学研究集中反映了一个时代社会对家庭生活的关注重点和美好愿景。1997 年,在乌普萨拉举行的庆祝瑞典家政联盟成立 50 周年的会议上,围绕“家庭和家庭问题”这一核心点,将主题集中在“知识是生活,知识是未来”(Knowledge for life - Knowledge for future)。2003 年欧洲家政联盟及北欧家政联盟会议的主题则是“终身学习,消费者与社会的对话”(Learn for Life, Consumers and Society in Dialogue)。2006 年瑞典家政教师协会成立 100 周年大会将主题确定为:角色转换:从“指导做家务”转向“学习家与家庭消费知识”(Changing Profession: from “Domestic Instruction” to “Home and Consumer Studies”)。

(三)高级中学家政教育职业化趋势更加明显

1991 年瑞典大幅修订了《教育法》,高级中学课程不再按大类划分,而是由 16 门国家课程构成,其中 14 门为职业类课程。与家政教育相关的职业类课程包括四类,分别是儿童保育、健康护理、食品、酒店与餐饮,每一类课程由若干必修课和选修课组成。与 70 年代的高级中学家政课程相比,90 年代家政课程专业更加细分,职业化趋势更加明显,且与高等教育的接轨也更为清晰(表 2-3)。

表 2-3 不同时期瑞典高级中学家政课程设置比较

20 世纪 70 年代	20 世纪 90 年代	21 世纪以来
消费科	儿童保育	儿童保育
护理科	健康护理	健康和社会照顾
食品加工科	食品	餐馆管理和食物
服装加工科	酒店与餐饮	酒店和旅游

(四) 高等教育中的家政学科归属

与义务教育及高级中学阶段类似，这一阶段瑞典的高等教育也经历了重大变革，尤其是先后通过了《高等教育法案》(1992 年)、《高等教育条例》(1993 年)，以及 1999 年签署了《博洛尼亚宣言》。伴随瑞典高等教育的改革，高等教育中的家政学科也发生相应变化，综合性大学(university)和高等职业院校(vocational college)这两种不同类型的高校家政学科的发展不尽相同。

乌普萨拉大学是瑞典最著名的高等学府，其家政学科也是瑞典最强、最具代表性的。乌普萨拉大学早在 1895 年就开设了家政学校对家政学的教师进行相关的专业知识培训；在 1977 年的高等教育改革中，瑞典家政教育学院(the College for Household Education)并入乌普萨拉大学，成为儿童保育、管家、家政及纺织教师教育系(the Department for the Education of Childcare Teachers, House Stewards, Home Economics Teachers, and Textile Teachers，简称 BEHT)。1978 年管家专业变为膳食与营养经济学，而 1988 年又变为膳食经济学和膳食疗法。20 世纪 80 年代义务教育及高中教育改革也影响了大学家政教育相关学科设置，1986 年儿童保育专业移交给教师教育部，1987/1988 年更名为家庭科学系(Department of Domestic Science)。从 1988 年起，家政学教师、纺织教师的实训，以及教学方法论和教育学课程由教师教育系承担，但是专业教学仍然由家庭科学系负责。1988 年家庭科学系还针对义务制教育的教师推出一个新学习项目，该项目包括儿童研究、家政以及纺织工艺等各个学科，而对于高中教师则推出了另一个新学习项目，包括儿童研究、膳食研究、消费者研究、房屋/环境研究以及纺织品研究等不同学科知识。到 1991 年，家庭科学系改为社会科学学院的研究性教育学科。

21 世纪以来，家政学教学和研究主要由大学的人文及社会科学部承担

(Disciplinary Domain of Humanities and Social Sciences)。2007年纺织品研究转入艺术史系,2008年家庭科学系更名为食品科学、营养与膳食系(Department of Food Studies, Nutrition and Dietetics)。目前乌普萨拉大学的家政教育主要包括:社会科学学院(Faculty of Social Sciences)下的食品科学、营养与膳食系(Department of Food Studies, Nutrition and Dietetics)承担食品、营养与膳食的教学与研究,经济系(Department of Economics)负责家庭经济研究,住房与城市研究所(Institute for Housing and Urban Research)承担居住与环境健康研究等。教育科学学院(Faculty of Educational Sciences)下的教育系(Department of Education)负责儿童保育和教育研究,而家政教师培训则放在教师教育系(Department Involved in Education and Teaching Professions)之下。人文学院(Faculty of Arts)下的艺术历史系(Department of Art History)承担纺织品研究(图2-3)。

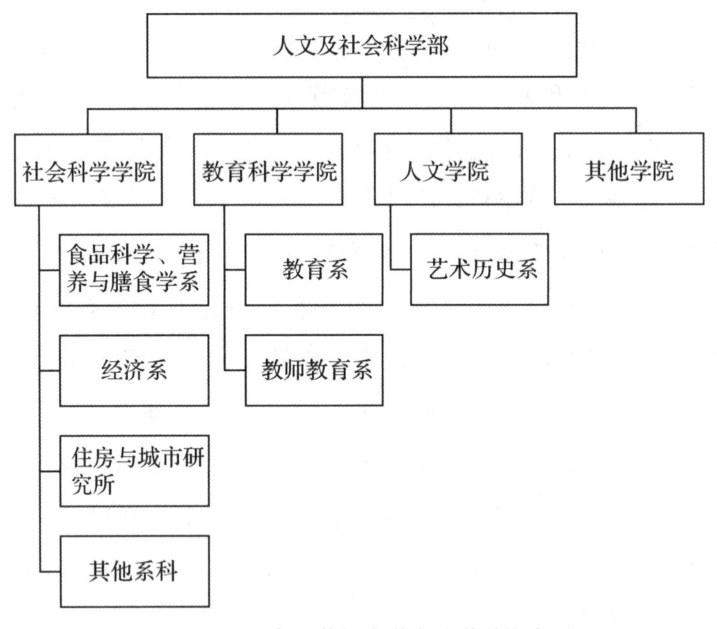

图2-3 乌普萨拉大学家政学科构成

为适应劳动力市场的新需求，职业结构和技能要求发生了很大的变化，在这一背景下，1996 年瑞典政府进行了一项名为“高等职业教育改革计划”(Advanced Vocational Education，简称 AVE)的教育试点，通过 2～6 年不等的职业训练，满足市场对高技能劳动者的需求。其中涉及的家政教育专业课程包括医疗保健及个人护理、酒店和旅游、卫生和社会工作、保安等职业方向。和综合性大学家政教育主要承担家政学相关研究，包括硕士和博士高层次人才培养、义务教育及高中阶段家政课程教师培养的目标不同，高等职业教育中的家政学科突出应用性，通过工作场所的学习和培训，突出工作能力和技能的培养。

(五) 90 年代以来家政教育发展的新特点

总体来看，瑞典家政教育从 90 年代以来显现出一些新的特点：

1. 家政教育内涵不断扩大

瑞典早期的家政教育主要是围绕家庭事务私人领域的管理。自 1962 年家政课程成为面向所有义务教育阶段学生开设的必修课程，到 80 年代形成了手工、儿童保育、家庭科学三大类家政课程体系。这一时期中小学家政教育的特点是教育内容十分广泛，不仅关注家庭，还关注社会；不仅培养人们对家庭的责任感，还培养人们对社会的责任感；不仅注重实践性、应用型技能的培养，还注重基础理论和知识。

然而进入 90 年代，在新的教育改革下，中小学家政课程有了较大的变化。在 1994 年的课程修订中，瑞典将之前涉及的男女平等、性别分工等原属于家庭科学课程大类下的性别内容归为家庭研究的范畴，从家政课程中删除，并入社会大类下的公民教育课程中。到 21 世纪，义务教育阶段的课程包括家庭与消费科学，食物、饮食与健康，消费与个人财务，环境与生活方式，手工五大类。

从中我们可以看出，瑞典义务教育阶段的家政教育经历了一个内涵不断充实而外延有所缩小的过程，学科边界也越来越明显。其内涵经过多次重组，形成今天家政教育的几大分类。教育内容的一大共性之处在于教育内容具象化，重实践、重操作、重应用，而将抽象的、与公民教育相关的内容放在与家政课程并列的社会类课程中。

2. 家政学科研究边界越来越明晰

学科边界的日益明显是学科科学性的重要体现。随着家政研究的深入，研究内容越来越分化，分支也越来越细、越来越深入，而与其他学科的边界也越来越明显。在学科的早期发展中，家政学的外延很广且与其他学科的交叉多，尤其是难以厘清与家庭研究、性别研究的关系。

90 年代以来瑞典家政学科的边界越来越明显，集中体现在两个方面：

其一，尽管家政教育和家政研究的发端、发展与女性地位的提高、性别平等的推进密不可分，但随着家政学科研究的不断深入，家政学与家庭研究尤其是性别研究的划分越来越明显。瑞典现代家政学科是以食品科学、营养与膳食为核心，同时重视儿童保育、家庭消费与经济等方面的教育。婚姻家庭、性别研究等从家政学研究中剥离出来，正是因为这种变化，对中小学家政课程的设置及内容产生显著影响，这在前面的一点有详细阐述，在后面的相关章节中更能明显体现。

其二，高等教育中的家政学科与中小学家政教育内容有一定差别。中小学家政教育是家政素质教育、常识教育，重在培养男女学生对家庭、工作和社会生活负责的意识和实践能力，教育内容广；而高等教育中的家政学科设置则更加细化，以学科研究为主，无论是研究内容还是研究方法等都有很多新变化，两者间的关系有点类似中小学地理教育与大学地理学科的关系。

3. 家政教育和研究始终适应时代的发展

首先，人民随着生活水平的提高，对膳食营养、食品安全与健康的诉求也越来越高；其次，环境问题是全球关注的热点，重视环保、树立环境与人类和谐发展新理念理应成为当代公民的必修课；再次，信息时代的到来，消费理念、消费方式、消费结构以及消费关系发生了根本性变化，人们需要这一新消费时代的新认知。这些社会发展中出现的新情况，都要求家政教育与研究不断地注入新元素以适应时代的发展。

4. 对全球化及其影响的关注度越来越高

在《瑞典家政历史》一文这样阐述全球化与家政学之间的关系："全球化促成了越来越多的共同点，使国家间以及人与人之间比以往更加相互依赖。毫无疑问，家政学是一个政治问题，它涉及权力和性别。世界共同的形势要求我们掌握可持续发展规律，国内家政学者是重要的贡献者，永远不要放弃家庭和性别视角。"全球化背景下，瑞典家政教育关注诸如环境保护、劳动力国际流动带来的相关问题；在教学内容上，折射出对全球化的关注，比如，饮食文化课程中，介绍其他国家的饮食传统、渊源与内涵。家政教育组织增强了与其他国家的沟通和交流，也加大了对发展中国家及地区家政教育的支持，包括帮助培训家政教师、提供家政专业高级人才等。

第三章　瑞典义务教育中的家政教育

瑞典是世界上较早实行义务教育的国家之一。瑞典义务教育的发展可以追溯到19世纪初，1948年提出建立九年制统一义务学校，1962年正式在法律上确立九年制义务教育制度，之后又经过一系列的改革与发展。瑞典的义务教育没有小学与初中之分，也没有初中与职业初中之分，注重教育公平，注重可持续发展教育。

一、瑞典义务教育制度的形成与发展

在瑞典的义务教育发展过程中，曾先后进行了多次教育改革。总体来看，瑞典的义务教育制度的形成大致可以划分为三个阶段：萌芽阶段（19世纪初至20世纪初期）、初步确立和实施阶段（20世纪40年代至70年代）、进一步改革与发展阶段（20世纪80年代以来）。

（一）萌芽阶段（19世纪初至20世纪初期）

早在1812年，瑞典著名的历史学家、出版家、牧师古斯塔夫·亚伯拉罕·希尔弗斯托尔普（Gustaf Abraham Silverstolpe）领导的教育委员会就开始尝试推行义务教育的规划，他认为教育必须有益于国家和所有人。

1823年，瑞典教育家、牧师弗里克塞尔（Anders Fryxell）在《通识教育中的统一性与公民身份建议》中初步形成其新教学思想，而在1832年的《进一步研究教育体制改革问题》中，弗里克塞尔进一步提出“让每个人都可以上同一所学校”，即为了打破阶级差别，应当让每一个儿童都可以进入同样的公共学校学习。弗里克塞尔的教学思想注重实际目标和方法，他认为学校应当传授有益的知识，而不是只教授拉丁语。学校的第一阶段，即小学需要提供必不可少的公民教育，使孩子们学会热爱祖国和公民。他建议设立义务教育制学校，而不是像过去的教育制度从一开始就把学校分成不同的形式。义务教育制学校没有入学限制，让所有儿童能够获得接受同等教育的权利，从而实现教育机会均等。

19世纪中期瑞典教育进行了较大的改革。1842年瑞典议会通过并颁布了关于初等教育法案的《国民教育条例》，在瑞典第一次正式提出了义务制教育。该法案是瑞典历史上最早明确义务教育制度的法律条文依据，它要求在全国区域建立强制性的“国民学校”（folk school），计划在五年内实现六年制义务教育，即基础教育分为两个阶段，一个阶段两年，另一个阶段四年，这两个阶段衔接在一起共六年。六年义务制教育要求所有的瑞典儿童接受为期六年的基础教育，这使得瑞典义务制教育又向前迈进了一大步（Blossing et al.，2014）。但事实上，这种国民学校还不是真正意义的国民学校，因为直到1865年，上层阶级依然可以在不接受任何基础教育的情况下直接送孩子进入大学。另外学校仅开设基础课程，以学习阅读、算术等技能和宗教知识为主，而不是以科目为中心，课程与教材也都缺少系统性，因此教育质量一般，儿童入学率只占全国的三分之一，义务教育制度无法彻底执行。19世纪后半期由于瑞典的产业革命蓬勃发展，掀起了以“瑞典所有儿童都应该在统一学校（unity school）学习统一的教育课程”为口号的统一学校运动。1918年瑞典成立学校委员会，开始进行教育制度的改革，该委员会于1922年向瑞典议会提交了《六年制统一学校案》与《中等教育各种学校方案》(商承义,1985)两份报告书,但由于受到强烈反对而未能在议会上通过。1927年学校委员会再次提交了1918年的报告并获得了通过,六年制的国民小学成为统一学校。1936年,瑞典国会决定实施七年制义务教育,并于1937年到1949年实施,来进一步扩大义务教育。

(二) 初步确立和实施阶段(20世纪40年代至70年代)

第二次世界大战以后,瑞典的经济和思想得到飞越发展,国民对教育民主化的要求更加强烈。1940年瑞典政府成立了一个由15人组成的学校调查委员会,探索当时瑞典教育制度所存在的问题,为学校教育改革进行调查研究,从而为全面改革教育制度提出政策建议并拟定计划。1946年瑞典政府又成立了一个学校委员会,提出将初等学校和中等教育合并为九年制义务学校,并于1948年向政府提交了"九年制统一义务学校法案"的教育改革方案。该方案主要包括六点内容(Boucher,1982):

(1) 九年制的统一学校要划分为三个阶段;

(2) 除那些为严重残疾的学生开设的学校外,以一种类型的学校取代所有其他类型的学校,为7到16岁的儿童提供义务教育;

(3) 一至八年级学校统一课程不分类,第九年分为学术类(academic)、普通类(general)、职业类(vocational);

(4) 没有毕业考试,如取消了初中毕业考试而代以其他的课程选拔;

(5) 重整教师教育,1～6年级配备班级教师,6年级以上配备学科教师;

(6) 以儿童为中心或以活动为中心的教育方法。

这一改革方案在当时引起了很大的反响,赞成者和反对者意见纷杂,难以统一。瑞典首相约瑟夫·魏讷尼(Josef Weijne)提出"应当在实际实验中来探索……在大规模实施学校教育制度改革之前,可以用十年来检验教学方法以及不同的组织类型来对学校的体系做出最终的决定"(Boucher,1982)。瑞典政府成立了一个特别委员会对该方案进行了修订,修正方案明确表示即使九年制统一义务学校在议会通过后,也不会马上在全国实施,要通过实验证明方案可行后才会在全国正式推广实施。1950年瑞典议会通过了《九年制统一义务学校法案》,标志着九年义务教育制度的确立和九年制统一学校学制的正式实行,因此1950年在瑞典的教育史上是具有划时代意义的关键转折点。

此后在整个50年代,瑞典在全国越来越多的地区展开了新学校的实验,对义务教育的年限、不同的课程大纲方案、学科分类、课程选择、可选修的课程以及评估和评分标准等诸多问题都进行了探索。经过十年左右的试行,九年制统一学校学制证明深受欢迎。1957年瑞典政府成立了新的学校委员会来总结九年制统一学校实验的结果,并据此制订出新的学校改革计划。经过认真调查和研究,该委员会于1962年向议会提交了《九年制义务基础学校案》并获得了通过,正式在法律上确立了瑞典的九年制义务教育制度。瑞典内阁会议做出决定,全国实行九年制国民义务教育,取消国民学校、初级中学、文法学校以及女子学校等其他各种类型的学校。同年学校的名称从"统一学校"改成"基础学校"(Grundskola),又名"综合学校",取代了过去所有其他类型的学校体制,首创了统一的全国学校体制。

1962年义务教育改革的目标主要体现在以下几点(冯增俊 等,2006):

(1) 平等。全国所有的儿童都可以免费入学,不受性别、地区、种族、身体健康以及经济条件的限制。对学生不按能力来分类,让所有的学生都能够在同样的课堂学习,对所有的学生一视同仁。消除不同社会阶层之间的差异,使各个阶层之间能够建立团结,促进阶层融合,消除阶层固化。

(2) 实用。学校应当向学生传授日常生活需要的知识和技能。

(3) 民主。学校应培养学生对民主的认识，使他们成为有责任感的社会成员。

瑞典将义务教育分为三个阶段，每个阶段为三年(表 3－1)，其中初级阶段与中级阶段的低年级与中年级 6 年相当于我国的小学阶段，而高级阶段的高年级 3 年相当我国的初中阶段。每个学年则分成秋季和春季两个学期，共有 40 周，在初级阶段通常由一位教师承担所有科目的教学工作，即包班制，而中级阶段除包班制以外，还有科任教师担任体育、音乐等一些专门课程的教学。8 年级以前的教学内容相同，到了 9 年级则分为学术教育、普通教育和职业教育三个不同方向的类别。

表 3－1　瑞典义务教育学校年级的阶段

<table>
<tr><td rowspan="3">义务教育学校</td><td>初级阶段
(低年级)</td><td>一年级
二年级
三年级</td></tr>
<tr><td>中级阶段
(中年级)</td><td>四年级
五年级
六年级</td></tr>
<tr><td>高级阶段
(高年级)</td><td>七年级
八年级
九年级</td></tr>
</table>

随着义务教育制度的确立，瑞典成为北欧第一个实施九年制义务教育的国家，并为此制定了相应的义务教育课程大纲，颁布了《义务学校课程计划》即《1962 年课程计划》(Lgr62)。1968 年瑞典议会决定取消基础学校在第九学年的分类课程，实行统一课程，不再实行分化教育；并且在 1968 年颁布了《特殊服务法案》(the Special Service Act)，确保所有儿童包括身心障碍儿童都有受教育权利。自 70 年代瑞典更进一步在全国推广九年制统一基础学校，强调“全民学校”(A School for All)的概

念，即无论学生的需求为何，所有的学生都被统合在一起，在同样的课堂中上课，从而促进教育公平和社会平等。在70年代到80年代，经过一系列的调整和完善，瑞典基本形成了现行的义务教育制度。这次义务教育改革正如瑞典国民教育大臣所说：不应该把学校改革仅仅看成教育和教学的改革，要使人人都享有教育和文化，归根结底是最广义的社会改革，是对社会发展有着深远影响的改革。因此，瑞典把教育发展看作一个主要工具，以达到男女之间以及各种不同的社会、经济和地理集团之间的事实上的平等(加斯东・米亚拉雷 等，1991)。

(三) 进一步改革与发展阶段(20世纪80年代以来)

1. 教育公平理念的追求

作为高福利国家，瑞典国家的核心理念就是社会公平，而教育公平则是社会公平在教育领域的折射。因此瑞典在教育改革中，一直将平等作为教育的重要目标之一，瑞典的义务教育与其他国家不同，它没有小学与初中之分，没有初中与职业初中之分，也没有女子中学和男子中学之分。20世纪80年代以来，随着人类社会进入信息化时代和知识型社会，由于经济的复苏与政治文化的发展，瑞典的基础教育再次出现较大变革，义务教育课程被进一步优化。1985年瑞典颁布了新的《教育法》(The Education Act)，再次明确了教育改革的基本理念是追求平等与公平。该《教育法》的总则中明确指出：“所有儿童青少年，无论其性别、居住地域以及社会、经济状况如何，均享有到国家为儿童青少年所开设学校系统接受教育的平等权利。”(庞超，2012)瑞典教育家托尔斯顿・胡森(Torsten Husen)认为教育公平包括三层含义：教育起点的公平即入学机会的均等、中间性阶段即教育过程的公平、最后目标即教育结果的公平(汪泓，2008)。教育公平意味着平等地对待所有儿童，让他们可以获得同样的教育，并在承认个体差异的基础上，让所有儿童获得适合他们的教育，从而能够充分全面地发展他们的能力。特别是对于弱势残疾群体，瑞典的教育法案更加注重对他们的扶持，如1985年的《教育法》中就明确规定："国家有责任建立特殊学校为听力缺失、视力缺失及语言缺失儿童提供特殊教育。"（王俊，2009）为了消除贫富差距造成的教育不公平，瑞典规定公立的学前教育机构与义务教育阶段都实行免费。在这一意义上，教育公平是瑞典教育改革的首要目标，教育公平意味着教育是为每个人服务的。

2. 教育分权化的改革

瑞典教育制度的传统模式是一种自上而下的高度中央集权型模式，也就是说中央政府在教育改革中的影响力巨大，大规模的教育规划与改革都是由中央政府主持发动的。二战后瑞典成立了国家教育委员会(National Board of Education)，并在全国24个省级行政区设立了下属机构学校教育委员会。国家教育委员会负责制定教育目标与教育改革政策，分配教育资源，编制课程标准，颁布课程指南，规定教学内容以及进行师资培训等。瑞典所有学校的经费都由国家教育委员会来决定分配，所有中小学校长也由国家教育委员会任免①。

20世纪80年代以来，瑞典的公共管理开展分权化改革，同时对教育也进行了分权化的改革，即将管理基础教育的权力下放给地方，让各地方教育当局与学校获得办学自主权，允许地方学校董事会对学校课程进行规定，鼓励学校和教师参与到课程内容的设计和规划之中。政府则

① 瑞典的教育管理体制对中小学进行三级领导，即从低到高由地方学校董事会、郡教育委员会以及国家教育委员会构成，其中郡教育委员会负责监督和指导，地方学校董事会保证政策的顺利实施。国家教育委员会本身与议会以及教育又构成另外一个三级领导关系，由议会决定课程方向，教育部制定课程目标和政策，教育委员会则负责实施，因此可以说瑞典的课程控制是非常集权化，由中央决定一切。

从过去制定所有的规则体系转变为只制定指导性的框架性规则，对教育进行宏观调控，而不是紧握教育管理权不放。1980 年颁布的《义务学校课程计划》(Lgr80)就已经体现了分权化这一改革思想。该课程计划在国家规定的课程目标与基本原则之外，允许各学校可以根据自身情况来制定适合本校的校本课程(school-based curriculum)，有的学校还可以组织地方性的学程(study course)(庞超，2012)。1991 年，随着分权化呼声的不断高涨，瑞典议会批准颁布了新的国家《教育法》，新《教育法》规定义务制教育“旨在为学生提供知识、技能和参与社会生活所需的其他方面的训练，并为进一步升入高中学习奠定良好的基础”(汪霞，2000)。同时瑞典还取消了国家教育委员会，成立了国家教育署(The National Agency of Education)，主要负责调查、研究、评估、开发和监察全国的基础教育。为了进一步放权，瑞典还在 1991 年撤销了省级教育委员会，只保留了市级教育主管机构，这样教育行政就变成了中央和市级的两级结构。

根据新的教育法，政府、地方教育当局与学校有了不同的分工。具体来看，国家取消了教育委员会，改而成立国家教育署进行宏观管控，其任务包括决定教育拨款和拨款的分配，制定教育的总方针，为学校体系制定基本的课程框架、教学大纲、课程设计、课程目标、课程评价以及总原则等，如 1994 年颁布了《义务教育学校、学前班、校外教育中心课程计划》(Lpo94)等文件；地方教育当局则获得了聘用教师的权力，教师身份也从国家公务员变成了地方公务员，地方教育当局还需要制订学校计划(school plan)来架构当地的课程体系，并为学校提供指导方针和教学设施来实现国家目标；而学校则需要根据国家的教学大纲与当地的学校计划，结合自己的特点来制订学校工作计划，并根据学生的特点、能力和需求来设定具体课程的教学目标与方法，完成课程教学。

3. 可持续发展教育的关注

瑞典是世界上最早注重可持续发展教育的国家之一，第一次联合国人类环境会议就是于 1972 年在瑞典首都斯德哥尔摩举行的，在 1987 年世界环境与发展委员会发布的《我们共同的未来》(*Our Common Future*)报告中正式提出了“可持续发展”的概念。在瑞典的基础教育中，早在 20 世纪 60 年代就开始出现“环境”一词，如《1962 年版中学生物教学大纲》就提出了对自然的责任，强调了解生态文明知识和进行生态教育，而到了 60 年代后期，已经有了专门的环境教育。1985 年的瑞典《教育法》鼓励“学校中所有工作人员尊重个人自身的价值观和共享的环境”(徐学福，2008)。随着 20 世纪 90 年代以来基础教育改革的发展，环境教育得到更多的重视，涉及社会政治与伦理问题，并与整个社会的发展联系起来，上升成为可持续发展教育，而瑞典进一步在教育中体现国家可持续发展的策略，如在 1997 年瑞典政府颁布的《生态可持续》文件中就指出：“教育和知识是生态可持续发展过程和提高人们解决环境和发展问题能力的决定性力量。”(王俊，2009)

为了体现可持续发展的思想，瑞典的基础教育不仅重视环境教育，而且引导学生利用所学知识进行绿色学校建设，推进环境教育，为此瑞典教育部在 1998 年发布了《绿色学校奖条例》《绿色学校奖指导手册》等文件(张婧，2019)，通过利用校园建设的各种设施促进绿色校园建设，将可持续发展教育融入绿色校园建设之中；并通过跨学科的方式、户外课程与互联网＋课程以及专题项目等不同方式来培养中小学生的可持续发展价值观和可持续的学习和研究能力。例如组织中小学生参观公园、动植园、博物馆与垃圾分类中心，学习动植物的生态系统，开展诸如“我是小环保大使”“绿色社区”等活动与社会能源问题调查研究，学会观察、合作、生存并参与绿色社会建设。21 世纪以来，瑞典的可持续发展教育随着《21 世纪波罗的海教育》(*The Baltic Sea Education in Twenty-first Century*)的发布向新的阶段发展。从目前来看，瑞典义务教育阶段的国家教学大纲在9门课程中明确提出了关于可持续发展教育方面的要求，如生物、物理与化学等课程中都要求学生运用所学的专业知识关心自然、保护环境，学会利用资源，处理污染与生态循环问题；高中阶段更是将可持续发展列入必修科目。瑞典在基础教育中重视可持续发展教育主要是为了提高学生的环境意识，培养他们的可持续发展思维，拓宽他们的视野，使他们能够形成环境意识，并获得可持续发展的行动能力。

4. 知识本位学校的建立

自20世纪80年代开始，瑞典的福利体制受到经济和政治不稳定的挑战，开始进入体制的转型期，新自由主义等"新右"思想对瑞典的基础教育改革产生了深刻影响。"瑞典近20年的教育改革与新自由主义的思想有关，是通过不同的利益团体和政党来产生影响的。市场、企业以及活跃的企业家为市政、医院、学校等公共部门起到示范的作用。"（贺武华，2010）另一方面，由于信息时代的到来，信息网络技术的迅猛发展，瑞典的义务教育改革在21世纪又进入了一个新的篇章。2009年瑞典开始对已经多次修订的1985年的《教育法》再次进行修订，并于2010年通过了新的《教育法》。2011年温和党的弗雷德里克·赖因费尔特（Fredrik Reinfeldt）连任为瑞典首相，并于2011年7月启用新的《教育法》，由此开始了新一轮的义务教育改革。

在这一轮改革当中，除保证教育的公平、保护学生的受教育权以及与国际教育接轨之外，改革的主要目标在于建立知识本位的学校，以知识为本来保证教育质量。2013年教育委员会提出的《全民现代学校》报告明确了建立知识本位学校①的目标（林海亮 等，2013）。这次的教育改

① 瑞典的义务教育课程改革的取向明确了以知识为本位，即以知识本位整合社会本位和个人本位，义务教育在传授社会所需要的共同框架的知识同时，帮助学生提高获取和应用新知识的能力，从而进一步使学生运用新知识去塑造个性人格，获得更多的发展机会。

革之所以关注知识，主要是因为瑞典在近年来的国际性教育测评体系(PISA)的评估测试中表现不佳，尤其是从2000年到2012年，瑞典的评估成绩更是出现了大幅度的下滑，从2000年的接近或高于平均成绩到2012年明显低于平均成绩。在2012年，瑞典在PISA①测试中数学名列28位，阅读第27位，科学第27位，明显低于丹麦、芬兰和挪威等其他北欧国家。事实上，瑞典的义务教育自20世纪50年代以来就比较关注工作生活知识和实用性，突出职业指导和工作生活导向，教学中也强调知识的实用价值，而对于学术性则相对重视不够。因此对于瑞典政府来说，这次义务教育课程改革的首要目标是强调以知识本位为新课程标准，其目的在于强调学校应当为学生提供一切资源来保证学生的知识和技能的全面发展，从而保证教育质量。此外，瑞典义务教育的新改革之所以提出知识本位，也是为了平衡义务教育中的个人本位与社会本位之间的关系。就社会本位角度来看，瑞典新课程标准中的课程目标就明确指出，学校应积极激励学生接受社会的共同价值观，课程教育的首要目标就是强调“让学生能够根据人权知识和基本民主价值观以及个人经历有意识地确定和表达道德立场”(Lgr11)。就个人本位角度来看，瑞典新课程标准在基础价值观方面开宗明义地点出了要引导学生发展个性，“学校的任务是鼓励所有学生发现自己作为个体的独特性，从而能够通过在负责任的自由中发挥最大的作用来参与社会生活”(Lgr11)。由此可以看出，瑞典义务教育的改革是以知识本位作为价值取向，将个人本位与社会本位整合成为一体，形成一个三维的框架，使得个人发展与社会需要能够相互促进、相辅相成。义务教育通过传授社会共有的知识来发展学生的能力并塑造他们的性格，使学生获得社会工作与发展的机会。

---

① PISA：国际学生能力评估计划(Programme for International Student Assessment)。

从瑞典的义务教育改革可以看出,瑞典课程改革首先注重教育公平理念,这是由于瑞典长期以来一直是福利国家,平等与公平理念是其政治、经济与文化的核心价值观,教育作为建设福利国家的重要目标之一,在其持续不断的改革过程中必然贯彻和体现教育公平理念,教育改革的新举措和新手段都是为促进教育公平而服务的;其次,由于受到新自由主义、新保守主义等"新右"思想的影响,瑞典义务教育改革出现了分权化,即政府将管理基础义务教育的权力下放到学校和地方,使地方和学校获得了自主发展的机会,教育体制经历了从中央集权化走向地方分权化的改革;再次,瑞典在义务教育改革中重视环境教育,将可持续发展的理念引入教学中,并作为教育的指导思想,让学生在学习生物、地理等相关学科知识的同时,培养关心与爱护自然的意识,认识到生态问题与环境可持续发展对人类发展的重要性,以及人与自然以及生态环境和谐相处的意义;最后,21 世纪以来瑞典的新义务教育课程改革为解决个人本位与社会本位之间的矛盾,明确了以知识本位作为原则,确定了以知识为本的新课程标准,进而建立知识本位的义务教育学校。

二、不同时期义务教育中的家政教育

瑞典自 1962 年开始实施九年制义务教育以来,家政教育就进入了瑞典义务教育体系。随着瑞典义务教育的不断变革,课程计划在 1969 年、1994 年、2000 年和 2011 年都做了重大的修订,其中的家政教育在课程时间、课程设置与课程内容等方面也出现了较大的变动。根据历次修订的课程计划,可以将瑞典义务教育中的家政教育发展划分为三个阶段:20 世纪六七十年代、20 世纪八九十年代以及 21 世纪以来。

(一) 20世纪六七十年代的家政教育

1. 1962年《义务学校课程计划》

1962年,瑞典政府以统一的基本学校取代了原来的双轨式教育体制,实现了九年制义务教育,并颁布了著名的《1962年课程计划》(Lgr62),对义务教育的目标和指导方针、学校活动、教学教材、教学方法、课程计划、特殊教育、教学评估、课程类型、课程时间、课程大纲等方面都做了详细的说明和规定。其中每个学科都有自己的教学大纲,描述了具体的学科目标和内容。义务教育的总目标是"向学生传授知识并锻炼他们的技能,并与家庭合作,以促进学生发展成为和谐人才,使之成为自由独立、有能力和负责任的社会成员"(Lgr62)。显然义务教育十分重视家庭的作用,提倡学校与家庭合作,促进学生的全面发展,为培养未来的家庭建设者和社会公民做准备。

1962年的九年制义务教育主要分为三个阶段:低年级(1～3年级)、中年级(4～6年级)以及高年级(7～9年级)。从课程开设来看,低年级与中年级开设的必修科目有瑞典语、数学、英语、定向科目、音乐、图画、手工以及体育等,其中定向科目包括基督教知识、国土知识、公民、历史、地理、自然科学。高年级阶段的课程分为必修科目和选修科目,其中必修科目包括瑞典语、数学、英语、定向科目(基督教知识、公民、历史、地理、生物、化学与物理)、音乐、图画、手工、家庭科学以及体育等,而选修科目则主要根据在7年级和8年级的不同组别里所列出的科目进行选择,大致包括德语、法语、打字等,数学、音乐、图画与手工等科目在高年级阶段也变为选修。另外高年级的9年级根据选课方向不同,分为9个类别:9g(高中预备类)、9h(人文类)、9t(技术类)、9m(商业类)、9s(社会经济类)、9pr(一般实用类)、9tp(技术实用类)、9ha(贸易类)以及9ht(家政类,hushallsteknisk linje)。1962年课程计划中的低年级、中年级与高年级课程的具体开设情况如表 3－2 和表 3－3。

表 3－2　1962 年义务教育低年级与中年级课程设置

课程	周课时					
	1 年级	2 年级	3 年级	4 年级	5 年级	6 年级
瑞典语	9	11	11	10	8	8
数学	4	4	5	5	5	5
英语				2	5	4
定向科目	5	6	7	8	8	8
音乐	1	1	2	2	2	1
图画				2	2	2
手工			2	2	2	4
体育	1	2	3	3	3	3
合计	20	24	30	34	35	35

资料来源：Läroplan för grundskolan 1962。

表 3－3　1962 年义务教育高年级的课程设置

<table>
<tr><td colspan="2" rowspan="2">课程</td><td colspan="4">周课时</td></tr>
<tr><td>7 年级</td><td>8 年级</td><td>9 年级
(9g,9h,9t,9m,9s)</td><td>9 年级
(9pr,9tp,9ha,9ht)</td></tr>
<tr><td rowspan="9">必修科目</td><td>瑞典语</td><td>3</td><td>3</td><td>5</td><td>3</td></tr>
<tr><td>数学</td><td>4</td><td>4</td><td>4</td><td></td></tr>
<tr><td>英语</td><td>4</td><td></td><td></td><td></td></tr>
<tr><td>定向科目 8</td><td>14</td><td>13</td><td>6</td><td></td></tr>
<tr><td>音乐</td><td>2(0)</td><td rowspan="3">4</td><td rowspan="3">4</td><td rowspan="3">2</td></tr>
<tr><td>图画</td><td>2</td></tr>
<tr><td>手工</td><td>0(2)</td></tr>
<tr><td>家庭科学</td><td>4</td><td></td><td></td><td></td></tr>
<tr><td>体育</td><td>3</td><td>3</td><td>3</td><td>2</td></tr>
</table>

（续表）

课程	周课时			
	7 年级	8 年级	9 年级 (9g,9h,9t,9m,9s)	9 年级 (9pr,9tp,9ha,9ht)
选修科目	5	7	7	22
合计	35	35	35	35

资料来源：Läroplan för grundskolan 1962。

在《1962 年课程计划》中，家政教育被正式列入必修科目，所有的学生，无论性别都需要学习家庭知识，因为瑞典义务教育的理念是应有助于教育学生“在家中生活，并激发他们对家庭问题产生兴趣”。其中，低年级与中年级开设的手工科目、高年级开设的家庭科学（含儿童保育）这两门课程的学习内容与家政教育最为密切相关。相对而言，手工课程的课时比家庭科学要长，该课程在低年级的第三学年，中年级的第四学年、第五学年每周开设 2 课时，在第六学年每周开设 4 课时，在高年级阶段则根据学校的选择来开设。家庭科学作为高年级阶段的必修课程，只在七年级开设，每周 4 课时。此外，在高年级的选修课程中，除了商业类、社会经济类、一般实用类等类别中包含家政相关内容，还专门设置了家政类（9ht）课程。从《1962 年课程计划》可以看出，家政教育在瑞典的义务教育中占有相当的分量。

瑞典的家政教育一直非常重视对手工能力的培养，从低学年阶段就开设手工课程。这一方面是因为瑞典义务教育的课程设置非常强调要与社会密切联系，而另外一个原因则是瑞典国家的传统之一就是手工工艺。随着工业革命以及工业化的发展，手工工艺日渐衰落，为了复兴这一传统，瑞典在 1882 年颁布的《小学条例》中就正式将手工作为小学课程中的选修科目，而到了 1962 年义务教育制度的确立，手工则被定位为从低年级开始就必须学习的必修科目。瑞典义务教育认为，学生必须了解材料的人文和经济价值，学会使用各种方法来处理不同的材料，并能够通过实践工作来提高创造力，为日常生活与工作做好准备。在课程的具体内容方面，手工课程主要包含“软”和“硬”两个类型的工艺品，即一类是纺织品，一类是木制品和金属制品，涵盖纺织工艺、木制工艺和金属工艺三种工艺的教学，旨在通过制造手工艺品与完成日常生活中的手工来发展学生的动手能力和独立工作能力，培育学生的审美能力与对传统的欣赏能力，为他们的家庭文化和个人生活开阔眼界。1962 年义务教育课程设置中手工课程的具体内容如表 3－4 所示。

表 3－4　1962 年义务教育教学大纲手工课程内容设置

类别	低年级 （1～3 年级）	中年级 （4～6 年级）	高年级 （7～9 年级）
纺织工艺	1. 简单的工具说明和使用； 2. 手工缝纫和机器缝纫的初步练习； 3. 简单的衣物护理	1. 钩针编织与工艺缝纫； 2. 纺织材料的研究； 3. 手工或机器对衣物进行修补	1. 纺织品材料科学与相关实验； 2. 成本计算； 3. 当地的纺织品传统
木制工艺	1. 木工艺品的设计草图； 2. 简单的木制品； 3. 表面处理：涂漆； 4. 防护规定	1. 用于娱乐、家居或教学的木制品； 2. 刨、钻孔、拧紧、修整、车削、胶合、整形练习； 3. 表面处理：涂漆、油性涂料、水溶性涂料、化学染色； 4. 防护规定	1. 木材知识； 2. 成本计算； 3. 当地的木制品传统； 4. 家具风格； 5. 安全指导
金属工艺		1. 金属工艺品的设计草图； 2. 切割、弯曲、锉削、钻孔、铆接、简单锻造、焊接； 3. 防护规定	1. 金属材料知识； 2. 成本计算； 3. 当地的金属制品传统； 4. 安全指导

资料来源：Läroplan för grundskolan 1962。

从表 3－4 中可以看出，手工课程包括纺织品工艺与木制品/金属制品工艺二类“软”和“硬”材料的手工，从低年级开始让学生先学习“软材料”纺织品的技术，中年级与高年级过渡到学习“硬材料”木制品和金属制品的制作技术。该课程主要以教授手工或机器缝纫、木工制作工艺和金属制作工艺为主，使学生能够掌握服装的缝纫裁剪、花边的编织、纺织品的洗涤、木工基本技术以及金属制造技术等技能，并学会各种工具的使用与保养知识，掌握如何绘制各种手工制品的图样，熟悉各种材料的性质、色彩、处理方法与成本计算，了解当地的纺织品、木制品以及金属制品的传统与历史。瑞典义务教育非常注重男女平等，在手工课程中特别指出，纺织品手工教学不仅仅针对女生，男生也要参加纺织品手工的学习，而木制品/金属制品工艺也不仅限于男生学习，女生同样要学习。手工课程教学的目标是提高学生的手工技能，有助于训练他们的创造力并提高他们的审美能力，因此在教学中，既有理论教学，如材料科学和经济学，又注重实践训练，在初级和中级阶段尽可能地将理论与实践相结合，而在高级阶段更是需要将理论与实践融会贯通，注意发挥学生的独立创造能力。

除手工课程外，与家政教育相关的另一门课程就是“家庭科学”，其中还包括儿童保育知识。家庭科学的内涵是“关于家庭的知识与为了家庭的知识”，被定位为高年级的必修科目，在 7 年级每周开设 4 个课时。学校有时也可以选择在 6 年级就开设家庭科学的课程，或在 8 年级将家庭科学作为选修科目来开设。1962 年义务教育课程大纲中的家庭科学课程的具体内容如表 3－5 所示。

表 3－5　1962 年义务教育课程大纲家庭科学课程内容设置

年级		课程内容
中年级	6 年级	1. 基本的烹饪和家务工作； 2. 基本的家庭整理和衣物洗涤； 3. 简单的财务与消费问题
高年级	7 年级	1. 烹饪与烘焙； 2. 家庭整理； 3. 衣物洗涤； 4. 营养学； 5. 食品知识； 6. 房屋维护； 7. 家庭知识； 8. 卫生知识； 9. 经济知识
高年级	8 年级	1. 烹饪与烘焙； 2. 家庭整理； 3. 衣物洗涤； 4. 营养学； 5. 房屋维护；6. 家庭知识； 7. 经济知识； 8. 消费者教育； 9. 儿童保育知识； 10. 家庭护理与保健知识

资料来源：Läroplan för grundskolan 1962。

1962 年义务教育课程大纲指出，家庭科学课程旨在让学生熟悉家庭中的各种工作，让学生了解各种家庭知识与问题，培养学生的综合素质，提高学生的品味，使之成为知识渊博、个性独立，又能够有合作精神的、具有责任感的家庭成员。我们注意到：家庭科学课程一方面强调学生应当对饮食、房屋、服饰、消费等方面的知识有所了解，另一方面也强调学生更应当了解经济知识和消费者知识。具体而言，家庭科学内容主要包含产品知识和消费者知识、房屋维护、卫生知识、洗涤知识、食物常识、环境知识、家庭事务、经济知识、营养饮食、烘焙与烹饪等。

学校可以在中年级阶段的第六学年就开设家庭科学的课程，让学生树立对家庭劳动的积极态度，通过简单的任务逐步学会解决家务问题，养成良好的做家务活动的习惯，如简单的烹饪、家庭洗涤与整理事务以及保持整洁，从而学会承担责任和彼此间的协作。在这一阶段，学生还应当接受基本的消费者教育，学会礼貌、餐桌礼仪与乐于助人。在教学中，教师注重展示工作的步骤，让学生根据步骤学会使用工具或掌握方法。

家庭科学作为必修课程主要是开设在高年级阶段的第七学年，旨在让学生有机会学习各种家庭事务，培养他们对家庭问题的兴趣，激发他们的能力。瑞典的家政教育特别重视饮食，因此在家庭科学的教学中格外强调烹饪的理论与实践，让学生了解烹饪与烘焙的基本原理，学会使用烹饪的用具、餐桌布置以及食物的保存，懂得如何烘焙食物，自制日常菜肴与糕点。不仅如此，营养学与食品知识的重要性也在课程中得以体现，学生要熟悉健康饮食的基本原理，了解营养需求、食物的营养成分、热能以及健康饮食，学会从营养、质量以及价格等不同方面来评估食物和采购食物，并注意食品卫生等问题。除了食物，家庭清洁整理与房屋维护是家庭科学课程中的另一个重要内容，学生需要学习整理自己的房间和衣物，用各种手段和技术进行家务整理工作，根据不同材质来洗烫衣物与清洁鞋子；学会家具配置和家居室内设计并合理规划房屋的功能，美化居住环境。不仅如此，学生还需要学习如何防止事故风险，了解紧急状况发生时的保护措施，具备一定的卫生知识，学会处理个人卫生以及家庭卫生问题。除了上述实务问题，家庭科学课程还包括对经济知识的教育，让学生能够了解家庭的财务状况，不同的储蓄形式，帮助学生正确理解产品广告。最后家庭科学还要培养学生关于家庭科学的知识，使他们明白家庭责任，认识到家庭对于个人与社会的重要性，家庭成员的职责与义务以及获得家庭幸福的条件。

在第八学年作为选修开设的家庭科学课程，除对第七学年课程的内容进一步深化之外，还特别增加了消费者教育、儿童保育知识以及家庭护理与保健这几部分的内容。消费者教育主要让学生学会评估广告信息，通过各种信息来做出正确的购买选择。第八学年家庭科学课程的重点主要在儿童保育方面，学生需要学习儿童发育的主要特点、身心要求以及婴幼儿的基本护理与营养，学会照顾和看护年幼的儿童，带儿童做游戏，注意儿童在室内和室外发生事故的风险，提出相应的预防措施。另一个重点是家庭护理与保健，学生要学习家庭的基本用药、照顾患者以及对患者进行观察，注意患者的温度、心率、呼吸以及分泌物等，还需要特别注意如何护理老人，帮助老人进食，预防褥疮，学会使用简单的医疗护理工具等。

从瑞典家庭科学的课程设置来看，教学内容非常丰富，是义务教育课程当中一门重要的必修课程。课程大纲明确要求家庭科学应当与其他学科相互合作，如家庭知识与经济学与社会研究、营养卫生与生物学、家庭洗涤护理与化学、家用纺织品与家具与图画等不同学科之间相互交叉渗透，融通不同学科的知识和能力，从而打破学科之间的壁垒，实现跨学科的资源融合与课堂的多样化。就课堂教学而言，家庭科学课程鼓励学生提出问题并展开讨论，并鼓励学生将情景游戏或角色扮演运用到讨论之中。除此之外，家庭科学课程还强调个人学习与小组学习交替展开，使学生有机会学习合作，激发自己的主动性。小组学习的分组可以用不同的方式进行，通常是自愿分组，有时也可以在老师的要求下进行重组。教学内容应当尽可能地个性化，侧重于系统培养学生在自己观察和计算的基础上得出结论。

在义务教育的第九学年，为了满足不同的学习需要，所有的课程被大致分为两个方向，一个方向偏向于理论类，它包括 9g(高中预备类)、9h(人文类)、9t(技术类)、9m(商业类)、9s(社会经济类)，而另一个方向则偏向于实用类，主要包含 9pr(一般实用类)、9tp(技术实用类)、9ha(贸易类)以及 9ht(家政类)。其中家政类主要是为了让学生以后能够进入家政类职业学校学习而准备的方向，旨在为学生提供相关家政工作领域的基础教育。学生可以选择家政类方向的课程，从而能够进一步地学习家庭方面的各种知识，每年大约有四分之一的学生都会选择这一方向(Hjälmeskog,2006)。9 年级家政类方向的课程设置及主要内容如表 3 - 6 所示。

表 3 - 6　1962 年义务教育课程大纲家政类方向课程设置及主要内容

课程	周课时	实践课时	理论课时	主要内容
住宅和室内设计	4	3	1	家庭照明与供暖、住宅类型规划、室内场所设计、家具装饰、家庭房屋维护
财务和工作组织	2	1	1	家庭预算、财务计算、广告信息、消费者信息、会计知识、工作组织
饮食和烹饪	7	6	1	营养成分、食品卫生、食品知识、烹饪技能、烘焙知识、食品保存
纺织品和缝纫	5	4	1	纺织材料、衣物缝制、纺织经济学、纺织品文化、编织、服装历史
儿童保育和家庭知识	4	2	2	家庭权利和义务、婚姻、儿童保育、儿童身心发育、疾病、医疗保健、养老问题

资料来源:Läroplan för grundskolan 1962。

9 年级家政类方向主要包括住宅和室内设计、财务和工作组织、饮食和烹饪、纺织品和缝纫、儿童保育和家庭知识等五门课程,涉及手工艺、家庭知识、个人消费、经济学以及护理等各个领域,主要为学生以后从事医疗与儿童护理等护理专业、酒店与餐饮等服务行业和纺织品与食品等职业做好准备。在相关教学中,教师应当了解学生的兴趣,深化和拓宽基础教学内容,并将理论教学与实际应用相联系,使学生能够获得足够的实践经验,同时根据学生的经验和知识水平来调整相关的教学内容。

就住宅和室内设计课程而言,该课程旨在让学生了解住宅的功能与设计,专注于对住宅、家庭环境以及室内设计等知识概念的学习,激发学生对日常家庭生活的兴趣,让学生学会家庭装饰与维护。住宅和室内设计课程每周有 4 课时,其中 3 课时为实践课时,1 课时为理论课时。该课程主要教授不同形式的家庭住宅以及其住宅中固定和可移动陈设的规划和使用，使学生学习到对家庭、技术设备、家具布置、陈设、固定装置等实际选择的知识。学生应当掌握家庭的照明、供暖、安全以及卫生等问题的处理方法，学习各种住宅类型的平面设计图纸以及住宅中的技术设备安装，进一步学习室内各个场所的设计，处理地板、瓷砖以及壁纸等不同表面装饰材料，并知道如何维护家居环境的清洁、整理与洗涤。除此以外，学生还应当了解家用电器的使用，学习相关的电力知识与事故风险，以及周末聚会装饰与花卉种植。

财务和工作组织课程则以培养学生的个人消费经济价值观为主要目标，让学生了解组织能力在家庭与职业工作中的重要性，并对一些社会公司和机构组织进行介绍。财务和工作组织课程每周有 2 课时，其中 1 课时为实践课程，1 课时为理论课程。该课程首先让学生学会简单的家庭预算以及成本计算，掌握家庭成员的预算与整个家庭财务预算之间的关系，并能够根据不同类型的家庭给出预算建议。学生应当对现金、信用卡、赊购以及分期付款等不同购买形式有所了解，熟悉定居规划、电器设备、洗涤清洁以及购买成品与半成品的相关财务计算，学习如何获取广告、产品、价格等与消费者相关的财务信息以及记录收入与支出的初级会计知识。除了财务方面的知识，学生还应当了解组织形式、工作方法、任务规划以及时间、工作表现与效果之间的关系，学会使用个体或集体的技术设备，从而能够独立工作。

饮食和烹饪课程的主要目标是让学生学习食物的成分，学会计划、采购与准备膳食，并对食品工业有一定的了解。该课程的教学安排主要是让学生进行实践学习，并以自主性学习为主。饮食和烹饪课程每周有 7 课时，其中 6 课时为实践课时，1 课时为理论课时。饮食和烹饪课程的教学在于让学生了解人在不同条件下的营养需求，食品中的营养成分、营养价值以及日常饮食对健康的重要性，学会比较自种的、现成的、速冻的、新鲜的农产品，并能够根据不同人群来提供膳食和菜单。学生还应当对食品质量、食品卫生、食品贮藏以及食品工业的相关知识有所了解，掌握购买、烹饪、烘焙食品的技艺，学习各种合理高效的烹饪方法和处理奶制品、肉类、鱼类和谷类产品等不同食物的方法，熟悉各种用于烹饪的厨具。由于该课程较为重视实践学习，在教学过程中还应当组织学生参观乳制品生产、磨坊、肉类或鱼类商店等不同的场所，进行学习和观察。

纺织品和缝纫课程则与材料科学密切相关，主要研究讨论了各种纤维的特性和不同的面料以及它们的价格与使用领域，进一步深化手工课程所学习过的知识。纺织品和缝纫课程的教学每周有 5 课时，其中 4 课时为实践课时，1 课时为理论课时。该课程主要基于演示和实验室，让学生了解纺织品材料中包含的纤维以及纺织纤维在水、热、洗涤以及机械等影响下的状况，纺织品面料的质量，并收集各种纺织品样本。该课程还教授缝制衣服的技艺，使学生能够掌握缝纫技艺的各个步骤，处理不同的面料，设计不同的款式，选择不同的色彩和图案，学会纺织品的护理与洗涤，并能够绘制简单的设计图和缝制室内装饰所需的椅套和桌布等。除此以外，该课程还对服装以及家用纺织品的成本计算进行了说明，让学生能够根据年收入和家庭规模进行家纺预算。学生还将学习服装的历史，收集各种服装图片，了解纺织文化和具有家乡特色的纺织品和图案花纹，并学习各种技术的编织和编织图案，考察纺织机器与工具。

儿童保育和家庭知识课程旨在了解儿童和青少年时期身心的主要特点，学会儿童与老人的疾病的基本护理，并学习不同类型的家庭、家庭的功能，以及家庭组建等知识。儿童保育和家庭知识课程每周有 4 课时，其中 2 课时为实践课时，2 课时为理论课时。该课程首先讨论了家庭的功能，让学生了解家庭内部之间的权利和义务。不仅如此，该课程还对婚姻、离婚以及订婚等概念的法律含义进行了阐明，并对婚前协议和婚姻法也做了相应的说明，指出配偶双方的赡养义务以及父母对儿童的抚养义务。学生在该课程上还要全方位地学习儿童保育方面的知识，了解婴幼儿的饮食、休息、睡眠以及护理等各方面的需求，对于母乳喂养、混合母乳喂养以及如何断乳的知识也有所涉及。该课程还鼓励学生去照顾年幼的兄弟姐妹或熟人的孩子，以获得实践经验，并将这些实践经验在课堂上加以探讨和研究。儿童保育和家庭知识课程还对常见的疾病和家庭医疗保健进行了介绍，要求学生学会居家照顾病人以及掌握发生事故时的急救常识。除此之外，该课程还对各种社会福利，如儿童福利、孕妇福利、日托中心、住房津贴等各种福利进行了概览，使学生了解社会关怀中的各种形式的物质援助措施、咨询和信息。除了儿童保育之外，该课程还让学生熟悉养老的形式，让学生参观采访市政养老院或养老之家，学会倾听老人的声音。

2. 1969 年《义务学校课程计划》

1962 年瑞典正式实行九年制义务教育后，在全国进行了长时间的实验，在实践的基础上研究制定新的改革方案。1969 年瑞典对教育课程进行了部分改革和调整，颁布了《1969 年课程计划》(Lgr69)。《1969 年课程计划》的教育目标旨在通过与家庭的合作，促进学生的全面发展，让学生能够将理论与实践全面结合。在 1969 年新的课程计划中，必修科目主要有瑞典语、数学、英语、音乐、图画、手工、家庭科学、体育等。

定向科目更多的是侧重于教会学生理解各种现象和背景，让他们有机会深入接触特定领域的知识。一般说来，定向科目分为人生观、社会向、科学向等几方面：人生观的教学使学生能够了解基本的伦理和哲学问题、当今的思想潮流、有关基督教和其他宗教的当代形式及其起源和发展的知识；社会向的教学则旨在让学生理解社会民主与作为公民的责任和义务，认识其他民族和国家的特点与文化，促进他们与其他民族的交流；

科学向的教学则让学生深入了解科学和技术的发展、生物环境与生物依存，使学生能够理解人类的责任，为现在和未来社会的发展做出贡献。因此定向科目主要包括宗教知识、国土知识、公民、历史、地理、自然科学、生物学、化学与物理等课程。选修科目包括法语、德语、经济学、艺术以及技术等课程。自由活动主要指在高年级阶段开展的诸如时装、国际象棋等各种活动，每周 2 个课时，其他科目不得占用自由活动的课时用于补充教学。

《1969 年课程计划》还取消了在九年级的九个不同分类方向，给予学生更多的自由时间，让他们可以更自由地选择第二外语、经济学或艺术等选修课程。高级阶段的学生在最后一学年还可以自己选择地方进行为期三周的实习。1969 年的具体课程设置情况如表 3－7 所示。

表 3－7　1969 年义务教育的课程设置

阶段 周课时		低年级			中年级			高年级		
		1 年级	2 年级	3 年级	4 年级	5 年级	6 年级	7 年级	8 年级	9 年级
必修科目	瑞典语	9	11	9	9	8	9	3	3	4
	数学	4	4	5	5	5	5	4	4	4
	英语			2	2	4	4	3	3	3
	音乐	1	1	2	2	2	2	2		1
	图画				2	2	2	2	2	1
	手工			2	3	3	3	2	2	1
	家庭科学（含儿童保育）								3	2
	体育	1	2	3	3	3	3	3	3	3
定向科目		5	6	7	8	8	8	10	10	10
选修科目								4	3	4
自由活动								2	2	2
合计		20	24	30	34	35	36	35	35	35

资料来源：豊村洋子.青木优子.スウェーデンの义务教育学校における家庭科教育，1983。

从具体课程设置来说，瑞典语、数学、体育与定向科目从初级阶段到高级阶段的每个学年都要开设，课时所占比重较高。瑞典语课程相当于我们的语文课，在所有教学科目中比重最大，贯穿全部九个学年，从低年级到中年级每周为 8 或 11 个课时，而在高年级则每周为 3 或 4 个课时，课程内容主要以瑞典语的听说读写训练为主，培养学生的语言思维能力，激发学生阅读文学作品的兴趣。定向科目在低年级阶段开设宗教知识和国土知识，在中年级阶段则主要开设宗教知识、公民、历史、地理与自然科学，而在高年级阶段则主要开设宗教知识、公民、历史、地理、生物、化学与物理。选修科目则主要在高年级阶段开设，共五门课程，学生有义务至少选修一门课程。其中法语和德语为第二外语的学习，经济学的任务是拓宽学生对经济问题的洞察力，让他们理解工作的价值与意义，认识到投资的重要性，并学习影响消费、分配和生产的因素的知识，培养学生对个人、家庭和社会财务的分析能力。艺术则是让学生体验和理解不同的艺术表现形式，让学生能够了解一些基本的艺术概念，并提高学生的审美意识。技术则旨在让学生了解在不同的工业领域中技术的重要性，并为学生提供学习技术的可能性，学会使用各种机器与工具进行制造、组装以及生产。

在《1969 年课程计划》中，家政教育还主要包括手工、家庭科学两门课程。其中手工课程作为必修课程，从低年级的第三学年开始，一直到第九学年每年都需开设，仅次于瑞典语、数学、体育等课程，可见手工课程在瑞典义务教育中的地位，以及瑞典对学生从小就进行家政教育的重视程度。手工课程在低年级的第三学年，每周 2 个课时；在中年级的第四、五、六三个学年，每周均为 3 个课时；到了高年级，手工课程在第七学年和第八学年，每周为 2 课时，而在最后的第九学年则缩减为每周 1 课时。与 1962 年版的教学大纲有所不同的是，1969 年版本的课程大纲中没有再将手工课程具体细分成为纺织品、木制品/金属制品两门独立的课程，而是将这几个课程都融汇综合在统一的手工课程大纲之中。具体课程内容设置见表3-8。

表3-8 1969年义务教育手工课程的内容设置

低年级和中年级(1～6年级)	高年级(7～9年级)
1. 纺织材料的手工缝纫、机器缝制及其他手工技术; 2. 木材或其他合适材料的锯切、加工、组装,成型和喷漆; 3. 了解相关材料、技术、成本和生产时间,练习设计草图; 4. 常用工具的功能和保养; 5. 材料知识; 6. 保护规定	1. 服装与家用纺织品的专业化知识; 2. 对功能、外观、材料、成本、护理、形式、风格与环境的评测; 3. 对木材、金属以及其他合适材料进行严格的设计、制图和加工; 4. 协作练习; 5. 研究参观

资料来源:Läroplan för grundskolan 1969。

由于瑞典义务制学校的教育目标是帮助学生全面发展,所以手工教学在其中发挥了重要作用。《1969年课程计划》中的手工课程旨在通过给学生提供适合的机会来锻炼学生的空间想象能力和独立进行手工工作的技能,让学生能够自己设计建构性的任务,在创作活动中发展他们的表现能力,提高他们对形状、色彩和材料的认知,拓宽他们对家庭文化以及手工传统工艺品的审美,从而促进学生全面发展。手工课程包括"软类型"的纺织品与"硬类型"的木制品/金属制品。在教学实践中,学生要获得预期的整体学习效果,就必须将这两种类型手工艺品的教学结合在一起,特别是在低年级时尤为重要。在低年级与中年级,所有学生,不论性别,都应同样地学习纺织品、木材和金属品的制作。教师必须在手工课程上以各种方式表明,女孩和男孩学习相同的手工艺品制作是完全正常的。学生首先在软工艺品的学习中熟悉织物或其他纺织材料,学习正确的缝制方法和进行简单的编织培训,获得有关服装的使用和护理的知识。然后在硬工艺品的学习中熟悉木材及树皮、皮革、纸张、搪瓷、塑料和金属等不同质地的材料,学习各种形式的机械加工、组装、连接和曲面以及表面处理技能。应该注意的是，适当程度上使用其他材料可以丰富手工课的教学内容，但过于频繁地更换材料则会增加教学和课堂组织的难度。

低年级与中年级的手工课主要在于让学生学会动手制作手工艺品，培养其动手能力，熟悉各种形状、色彩以及材料，而在高年级，手工课则需要根据学生的兴趣和条件，让学生基于前阶段学习的软硬两种手工艺品制作经验来进行下一步的选择，由于学生的个人条件不同，让他们选择自己感兴趣的事物有助于提高学习动力。高年级的手工课程主要强调自由设计与材料功能的处理，让学生能够解决有关设计、个人风格、环境设计和历史比较等复杂的问题，而其中至关重要的一点就是让学生尽可能地参与作品的构思创作，激发他们的创造能力。在高年级阶段，学生必须学会如何制定工作计划、预计重要的工作步骤、根据自己的想法设计草图或构造模型、进行交流合作。师生应当共同讨论材料与制作方法的选择、合理的生产过程，以及产品的功能、外观和质量，从而确定产品的颜色、形状、成本和采用的技术，使学生的作品能够表现个人风格。除此以外，手工课还要让学生对瑞典的传统手工艺品风格有所了解，加强他们对产品设计和技术发展的认知。手工教学还可以通过参观博物馆、展览馆、公共建筑以及去商店和工作坊的学习来补充，让学生对观察结果和印象进行总结学习。

总体来看，手工课的目的是通过训练学生的动手能力，在创意活动中提高学生的审美素质和实践能力，促进学生的全面发展，为学生的审美教育和消费者教育做出贡献。

与 1962 年的课程计划相比较，1969 年的课程计划将家庭科学作为必修课从七年级调至八年级。家庭科学课程在第八学年每周学习 3 课时，在第九学年为每周 2 课时，而且第九学年的家庭科学课程中有一半内容是关于儿童保育的知识。家庭科学的课程旨在让学生为家庭事务制订合理的计划，并在实践中学会家庭事务的技能，主要为学生提供家庭生活、食物、环境、健康、经济、消费以及儿童保育等方面的基础知识，具体课程内容见表 3－9。

表 3－9　1969 年义务教育家庭科学课程的内容设置

	类别	主要内容
领域	饮食	营养合理的食物、合理烹饪的基本原理、食品知识
	住房	房屋维护、房屋内外环境的重要性
	卫生	个人卫生以及职业卫生
	工作	工作技术和工作组织
	消费	个人消费和公共消费
	经济	个人经济和家庭经济
	社会团体和家庭	社会中各种群体的形成、家庭观念的看法
	家庭功能	家庭成员的权利和义务
	性别	性别角色问题
研究		调查与访问、各种研究和研究材料

资料来源：Läroplan för grundskolan 1969。

在 1969 年课程计划中，家庭科学主要涉及饮食、住房、卫生、工作、消费、经济、社会团体和家庭、家庭功能，以及性别等九个领域的内容。就饮食而言，家庭科学课程将阐明饮食对于人的健康、生活和工作的重要性，提供有关营养需求、营养成分和功能的知识，还对不同国家的饮食习惯进行介绍；从营养、质量和价格等不同的方面探讨日常的主要食物，教授合理的烹饪方法，并涉及牙齿护理和常见的牙科疾病。在住房方面，主要教授家具、照明设备、室内装饰品的摆放与保养，住宅的维护和清洁问题，尤其注意清洁和防止灰尘，并了解私人和公共环境与房屋的功能，学习房屋的设计和使用。卫生方面的教学主要围绕各种个人卫生的措施，也包括对衣物和纺织品的洗涤与其他的处理方法。就工作而言，家庭科学应为学生提供手工技能、工作组织和工作技术方面的培训，并结合实际练习和应用训练学生选择、使用和安置工具及其辅助设备，有条不紊地工作并计划安排实施他们的工作。

就消费和经济而言，学生应当研究不同形式的广告，了解商品的价格、质量与功能，从而能够在种类繁多的商品中进行选择。作为消费者，学生应当熟悉消费者委员会与消费者协会的信息，学会阅读产品信息以及投诉。学生还应当学习经济方面的知识，特别是消费和储蓄之间的关系，学会做家庭预算和收支平衡的方法，掌握常见的购买的方法，如现金、信贷，以及分期付款。关于社会团体和家庭，家庭科学课程主要讨论社会上的各种团体、家庭问题以及青少年问题，让学生对老龄化、智力障碍、残疾等问题有所了解，介绍关于酒精和毒品危害的知识。除此以外，还要向学生介绍移民和难民群体的问题，说明他们在新语言、新饮食习惯和压力性住房条件方面所遇到的困难。就家庭功能而言，学生应当了解对现代家庭问题各个方面的看法，如家庭权利、家庭义务、家庭责任等，特别是婚姻的意义以及婚姻在经济与法律上的意义。

1969 年的家庭科学课程还特别关注了性别问题，认为性别角色问题是家庭科学中的一个特殊要素。鉴于在家务劳动与日常工作和生活中长期存在着男女不平等的现象，家庭事务与责任主要依靠女性，在家庭科学的教学中，强调所有的学生都要平等地参与到家庭科学的学习中，男生与女生应当完成同样的任务，参与到家务劳动之中。在教学中，学校应当注意消除传统的性别角色差异，破除对性别角色的刻板印象，鼓励学生从电影、广播、电视、书籍、报纸、政治辩论中收集信息和讨论材料，讨论男女在劳动力市场、家庭和公共生活中地位差异的原因和后果，从而就性别角色问题展开批判性的辩论与分析。学校应当对男生和女生提出相同的社会期望，强调他们应该接受相同的教育，有着相同的权利和义务，在未来的职业中同样有相同的作为。

家庭科学课程中除了上述九个主要领域外，在高年级第九学年还可以选择将其中的一部分时间用来教授儿童保育方面的知识。在 1969 年的课程计划中,儿童保育课程有了自己独立的课程大纲,可见对儿童保育教育的重视有所提高。儿童保育课程主要教学内容见表 3 - 10。

表 3 - 10　1969 年义务教育儿童保育课程的内容设置

类别	主要内容
婴幼儿的发育	0～7 岁儿童的发育和护理
残疾儿童	智力和身体残疾儿童的各种异常行为
儿童成长	儿童成长的环境
保育中心	母婴保育中心与儿童机构
儿童安全	儿童事故的常见原因及预防措施

资料来源:Läroplan för grundskolan 1969。

从表 3 - 10 可以看出,儿童保育课程旨在向学生传达有关儿童发展以及照顾儿童的知识,使学生能够明白他们作为未来的父母的责任。主要的教学内容包括了解怀孕、胎儿的发育特征、分娩以及后期护理;0～7 岁婴幼儿的身体、情感、智力、运动能力的发展以及游戏与创造性活动,抚养环境对儿童发育的意义以及父母之间的角色分工;社会对儿童的帮助措施如保育中心和托儿所等。教学中还应特别注重残疾儿童的问题,让学生充分了解残疾儿童成长中的困难和问题。教学的其他主题还包括性别角色的思考、儿童意外事故的预防措施、成人和儿童之间的关系等。事实上,儿童保育课程的教学应充分注意与其他学科教学之间的合作,如家庭问题、性别角色问题等与社会研究有密切的关系,儿童游戏与创造活动则需要结合音乐、绘画、手工以及体育等课程,性别教育同遗传与生物学息息相关。儿童保育的教学应当以访问、情境游戏、小组观察以及观看影视材料等方式来展开,并广泛地开展各种主题讨论,如儿童在不同年龄期间的行为变化、儿童的情感与逆反行为、儿童通过互动接触到不同的性别角色导致儿童内向与外向行为的变化等。

总体上看,《1969年课程计划》非常重视家政教育,课程计划中的家庭科学内容丰富,涵盖了多个领域的知识,必修科目中有家庭科学、手工与儿童保育,选修科目中涉及经济学的知识。例如,学生通过对家庭科学与经济学的学习,可以了解工作和薪酬之间的关系,使他们能够评估自己的财务状况,通过商品信息做出正确的消费选择。学生还应当具备基本的财务知识,学会计划家庭预算,熟悉各种储蓄和借贷形式。

通过家庭科学课程的学习,学生能够拥有合理计划家庭事务的能力并具有管理各项家庭事务的技能。其中,饮食一直是家庭科学中的重点内容,让学生树立正确的营养饮食态度,使之适应当代的生活方式,并训练他们学会烹饪食物。家庭科学课程的教学从学生的经验入手,并允许学生参与教学计划的制订,让学生充分参与到各种教学场合中,通过实践教学、丰富多彩的活动进一步激发学生的兴趣。由于所有的学生都是家庭或是学校团体的成员,家庭科学课程的教学还尽可能包括各种技能,教会学生应付日常的各种情况,让学生对他们在家庭和学校的日常生活中的任务进行全面了解,获得具有社会价值的知识和技能,为他们在未来的家庭和工作中增加获得平等条件的机会。家庭科学的教学目的就是使学生为将来的家庭生活做好准备,让学生成为未来家庭的创造者,并学会与异性和谐相处。家庭科学的教学还需要提高学生的审美,培养他们对环境的责任感,并适当地介绍园艺方面的知识,让学生在家庭生活中创造有日常乐趣的工作(Lgr69)。总之,通过教学,从家庭和个体不同的角度向学生阐明家庭所要完成的事务以及完成这些事务的条件,让学生能够了解家庭的作用与功能,认识到家庭生活和社会生活的重要性,为他们未来的家庭生活做好准备。

(二) 20世纪八九十年代的家政教育

20世纪80年代以来,瑞典义务教育在平稳发展的同时,就体制、内容到方法都进行了变革。之前瑞典的课程管理高度集权化,即由中央政府全面规定课程目标、课时安排、学科设置与选修以及教学方法等内容，20 世纪 80 年代开始，瑞典教育学家伯格(J. Berg)等人经过深入研究后，对教育制度与课程体系提出改革意见。伯格认为，政府应当转变思维模式，以一种去中心化的思想，将过去高度中央集权的国家管理转变成地方分权的管理模式，即政府只需要制定宏观的框架规则，而具体的学校工作计划则由当地政府和学校来制订，从而使“瑞典的学校从只有一套再生任务或功能的精英学校变成具有不同再生任务或功能的全民学校”(Berg，1992)。如此一来，国家政府只需要制定出基本框架和指导方针来控制课程事务，而学校作为具体的组织者则拥有了更多的自由来制订课程计划和组织教学活动。

1. 1980 年《义务学校课程计划》

1979 年，瑞典议会通过了新的义务学校课程计划，即《1980 年课程计划》(Lgr80)，并于 1982 年在全国范围内正式实行。1980 年课程计划在课程内容和安排上出现了较多变化，见表 3 - 11。

表 3 - 11　1980 年义务教育的课程设置

阶段 周课时		低年级 (1～3 年级)	中年级 (4～6 年级)	高年级 (7～9 年级)
必修科目	英语	2	10	9
	运动	6	9	9
	数学	13	15	12
	音乐	4	5	2
	手工	2	9	5
	瑞典语	29	26	10
	图画		6	5
	儿童保育			1
	家庭科学		1	4

（续表）

阶段 周课时	低年级 （1～3 年级）	中年级 （4～6 年级）	高年级 （7～9 年级）
定向科目（社会研究/自然研究）	18	21	32
选修科目			1
合计	74	102	100

资料来源：Läroplan för grundskolan 1980。

从表 3－11 中可以看出，《1980 年课程计划》在课程安排方面出现了一些比较明显的变化。首先，体育这个科目改为运动（Sport），而不再用过去的体育（Gymnastics），因为运动科目中除体操外，还包括健康、卫生与人体工程学、球类运动、舞蹈、自由运动、户外运动、运动游戏、游泳与救生、滑雪、滑冰等，在内容上相比传统意义上的体育有了全新的拓展。其次，定向科目具体分为社会研究和自然研究两类，其中社会方向的学科包括地理、历史、宗教研究和社会研究等，自然方向的学科包括生物学、物理学、化学和技术等。再次，家政教育也出现了较为显著的调整，儿童保育从家庭科学课程中分离出来，作为一门独立课程开设在核心的必修课程中。家庭科学课程也从过去的高年级阶段才开设调整为从中年级阶段的四年级起就开设。不仅如此，手工课程中还增加了劳作教育内容，让学生学习使用不同的材料、工具和工作方法（汪霞，2000）。

在《1980 年课程计划》中，与家政教育相关的课程主要包括手工、儿童保育与家庭科学这三门课程，其中手工课程依然是家政教育中的重点课程，贯穿了低年级、中年级、高年级三个阶段，在低年级阶段每周 2 个课时，在中年级阶段每周 9 个课时，而在高年级阶段每周 5 个课时。家庭科学则改成在中年级阶段每周 1 个课时，在高年级阶段则为每周 4 个课时。儿童保育则开设在高年级阶段，每周 1 个课时。课程的具体内容见表3－12。

表 3－12　1980 年义务教育家政教育相关课程与领域

课程	领域
手工	创意活动 生产与消费 环境与文化
儿童保育	儿童发展与护理
家庭科学	食物 卫生 环境 消费者经济 人际关系

资料来源：豊村洋子，青木优子. スウェーデンの义务教育学校における家庭科教育，1983。

瑞典的家政教育一直非常重视对手工能力的培养，1980 年课程计划中依然从低学年阶段就开设了手工课程，并且依然以纺织品与木制品/金属制品软硬两种材料为主，并通过这两种材料的手工艺品的实践来发展学生的创造力与审美价值，在学习工具的使用方法中锻炼他们的动手技能。具体的课程内容设置见表 3－13。

表 3－13　1980 年义务教育手工课程的内容设置

类别	低年级 （1～3 年级）	中年级 （4～6 年级）	高年级 （7～9 年级）
创意活动	研究工艺材料； 描述手工艺过程	实验和加工工艺材料，绘制图案	处理手工制品的设计、功能、颜色和形状
生产消费	用软硬两种材料进行手工制作	比较自制手工产品与购买的现成产品	讨论与原材料、材料和废物有关的资源问题，以及相关的能源问题
环境文化		研究人类手工艺的发展及其意义	研究手工艺品的文化遗产

资料来源：Läroplan för grundskolan 1980。

《1980 年课程计划》中的手工课程主要划分为创意活动、生产消费与环境文化三大领域。就创意活动而言，学生将研究不同的工艺材料，学会实验和加工工艺材料并能描述手工艺过程，能够通过改变形状来构造对象，绘制设计草图、样式与模型，并能够进行设计修改。从生产消费来看，手工课程要求学生学习缝纫、刺绣、编织、纱线技术等纺织品服装的手工技术以及木材与金属材料的加工、组装、定型与表面处理等技术；另外学生还需要研究消费者的问题，了解商品的制造、购买、维修和服务的信息，学习不同材料的维护和重复使用、产品的使用与回收以及环境能源问题。从环境文化的维度来看，学生应当利用手工艺的技能来创造一个良好的环境，了解手工艺品在人类生活中的重要性，研究手工艺品的发展及其对装饰传统文化的意义，探索作为文化遗产的手工艺品，鼓励学生再造和创新旧器物。

在 20 世纪 60 年代的义务教育课程计划中，儿童保育是家庭科学教育中的教学重点之一，但到了 80 年代，儿童保育首次作为一门高年级必修的独立课程出现在课程计划中，具体的课程内容包括儿童的发育特征、残疾儿童、父母与孩子的关系、预防儿童事故、托儿服务、性别平等教育、移民家庭等。

瑞典的儿童保育课程主要关注育儿原则、性别平等、儿童的精神发展，特别是残疾儿童的援助与关怀，尽可能地使残疾儿童与普通儿童一起在普通班中接受同等的教育，并希望残疾儿童和普通儿童能够相互理解、合作与团结。通过这门课程的学习，学生将对儿童的身心发展、需求与护理获得系统性的知识，从而使学生可以更为广泛而深入地了解自身，并意识到环境、父母或成年人与儿童之间的相互关系对儿童的道德与智力发展的影响。学生还应当充分了解儿童生长的环境情况，知道如何预防儿童事故的发生，以及熟悉地方政府对于儿童的援助政策。这一课程中还包括对移民家庭状况的重视，强调儿童生活在不同的语言、文化和环境中所遇到的困难。

1980 年的课程计划中家庭科学课程出现了较大的调整，将每周 1 个课时划分到了中年级阶段，而在高年级阶段则为每周 4 个课时。1969 年课程计划中家庭科学主要涉及 10 个不同的领域，20 世纪 80 年代家庭科学所包含的内容则有所精简，主要涉及 5 个领域，具体课程内容见表3－14。

表 3－14　1980 年义务教育家庭科学课程的内容设置

类别	主要内容
饮食	饮食习惯、营养价值、饮食文化、饮食选择
卫生	个人卫生、衣物清洗、饮食卫生
环境	环境保护、家庭环境
消费经济学	消费者权利与义务、财务计划
人际关系	同居问题、家庭问题、性别平等

资料来源：Läroplan för grundskolan 1980。

在《1980 年课程计划》中，家庭科学所涉及的领域较上一阶段有了明显的减少，主要集中在饮食、卫生、环境、消费经济学以及人际关系五个领域。就饮食而言，学生将学习如何选择和烹饪有营养的食品、为儿童提供适当、均衡的饮食，学会不同的烹饪方法，制作早餐、点心以及简餐，从营养、质量和价格的角度进行食物比较和餐具选择，培养良好的饮食习惯，了解食物原料的采购、成本计算以及其他文化中的饮食传统。关于卫生，学生需要进行卫生方面的练习，学会食物处理、衣物洗涤、家庭清洁以及个人卫生，在用水与用电时养成节约习惯，从卫生角度处理家庭废物与化学用品，养成正确使用清洁用品的习惯，从而能够不破坏环境。瑞典家政教育非常重视环境方面的教育，从小就培养学生维护环境的意识，让学生学习家具的使用、维护与设计，计算家庭与学校的装修成本，掌握住房的购置、所有权、出租房屋的权利与义务以及与房屋相关的咨询和援助，了解房屋的用途、设备的维护和管理、儿童的生活环境/儿童事故的预防措施。从消费经济学课程来看，学生需要学会制作财务计划、计算支出以及付款方式，了解消费者信息、营销的目标与方法、消费者的权利与义务、消费者法。最后一个领域人际关系则涉及人与人的社会关系，学生需要学习具有不同条件和价值观的群体的共存与合作，在家庭与工作生活中的性别平等问题，家务劳动的分工、合作与责任，成年人之间以及儿童与成年人之间如何进行交流与互动，同居的形式和传统以及不同文化中的家庭形式与传统。

总之，20 世纪 80 年代瑞典义务课程计划中的家政教育出现了较大的修订，从中年级开始家政相关课程的学习，并且将儿童保育从家庭科学课程中分离出来，作为独立学科在高年级中教授。在家政教育方面更加强调性别平等以及对残疾儿童的关怀。家庭科学课程也更加注重与社会关系的联系。但总体来看，家政教育的课时有所减少，表明了家政教学地位有所下降。

2. 1994 年《义务学校课程计划》

瑞典义务制教育在 20 世纪 90 年代经历了较为动荡的十年。随着新的教育法出台，1991 年瑞典政府任命了一个课程改革委员会对义务教育课程进行修订，颁布了 1994 年版的《义务教育学校、学前班、校外教育中心课程计划》(Lpo94)，并决定从 1995 年取消基础学校初级、中级与高级三个阶段的划分，开始实行九年一贯制。1994 年课程计划指出："学校的任务是鼓励学生发现自己作为个体的独特性，在一种基于责任的自由中表现出最佳的才能，并积极地参与社会生活。"(Lpo94)1994 年义务教育课程计划的实施使得基础学校的课程结构发生了较大的变化，所有课程可以根据每个学校的计划在 9 年中的任何阶段自由安排，给予了各个学校充分的教学自主权，这就意味着每个学校都可以有自己独立的课表，Lpo94 只是规定了具体的总课时，见表 3－15。

表 3 - 15　1994 年义务教育的总课时设置

课程	总课时
瑞典语	1490
英语	480
数学	900
社会 （宗教、伦理、历史、公民、经济、地理）	885
自然科学 （生物、物理、化学）	800
家庭科学	118
手工/技术	282
美术/造型	230
音乐	230
体育	460
外语	320
自由/学校选择的班级活动	470
其他	—
总计	6665

资料来源：荒井纪子.北欧における家政学の発展过程および1990 年代の家庭科教育の动向と课题，2002。

1994 年，瑞典对课程大纲也进行了修订，课程委员会讨论了是否应当将一些必修科目变成学生的选修科目或是由学校来选择的科目，并在关于是否引入新的课程和课时分配方面出现了激烈的争论。1994 年义务教育课程计划规定基础学校主要开设五大类课程：第一类基本技能课程包括瑞典语、英语和数学；第二类实践/美学课程包括美术/造型、家庭科学、手工/技术、音乐和体育；第三类社会科学课程包括地理、历史、宗教和公民等；第四类自然科学课程包括生物、物理和化学；第五类语言选修课程包括外语（汪霞，2000）。1994 年义务教育课程计划（Lpo94）

增加了瑞典语、数学以及外语等课程的课时，加强了基础技能类课程与外语的学习，因此相对来说就压缩了实践/美学类课程的时间。但就家政教育而言，手工课程的总课时为 282 课时，而家庭科学课程的总课时为 118 课时，与 1980 年义务教育课程计划（Lgr80）相比略有延长，增加了 5.3 小时，因此可以说家庭科学课程取得的进步虽小，但仍可以算作某种胜利（Hjälmeskog，2006）。20 世纪 90 年代的瑞典家政科学课程的学习目标主要是学习有关健康和生活质量的知识，从而培养学生分析和解决问题的能力，可以反思与健康、金钱和环境有关的日常活动，在未来的家庭生活中学会男女共同分担工作，并将学生培养成为精明合格的消费者。该课程的主要学习内容可以分为食物、住房以及家庭经济三大类，涉及烹饪、饮食习惯和饮食健康影响、饮食文化、食品成本、房屋管理、居住环境、审美、卫生健康、选择/购买/支付产品、消费者信息、消费者权益和影响以及经济消费等多方面内容（荒井纪子，2002）。儿童保育知识方面的内容则不再作为单独的课程，而是分散到了其他各科目当中。

（三）21 世纪以来的家政教育

进入 21 世纪以来，瑞典的家政教育发生了新的变化。2011 年瑞典义务制学校的教学大纲进行了新一轮的全面修订，颁布了《2011 年义务教育、学前班以及课外活动中心的课程计划》（*Curriculum for the Compulsory School*，*Preschool Class and the Recreation Centre* 2011，Lgr11）。2018 年与 2022 年在 2011 年的义务教育课程计划的基础上，又进行了新的修订，但总体内容变化不大，因此我们主要基于 2011 年的课程计划来探讨瑞典在 21 世纪的家政教育。

由于瑞典的义务制教育从 20 世纪 80 年代至 90 年代开始到 21 世纪经历了去中心化的改革，教育权力从政府下放到地方和学校，因此政府所颁布的课程计划只包含课程框架、课程大纲，以及评估成绩的标准，而不再对具体课程设计、课时分配以及课程管理做出详细的规定。2011 年的义务教育课程计划中所列出的具体课程设置如表 3－16 所示。

表 3－16　2011 年义务教育的课程设置

类别	课程
一般课程	艺术、英语、家庭与消费者知识、体育与健康、数学、现代语言、母语教学、音乐、手工、瑞典语、作为第二语言的瑞典语、手语、技术
科学向课程	生物、物理、化学
社会向课程	地理、历史、宗教、公民

资料来源：Curriculum for the Compulsory School, Preschool Class and the Recreation Centre 2011,Lgr11。

《2011 年课程计划》中给出课程大纲，作为指导的课程大致可以分为三类。第一类是一般通用性质的课程，主要包括艺术、英语、家庭与消费者知识、数学、体育与健康、音乐、瑞典语、作为第二语言的瑞典语、手语、技术等；第二类课程则以科学研究为主，包括生物、物理以及化学；第三类课程则指向社会研究，包括地理、历史、宗教与公民。新的课程计划只包括了课程目标、指导方针以及阐明各个课程的总体方向与核心内容的课程大纲。这些课程中一部分课程的具体总课时见表3－17所示。

表 3－17　2011 年义务教育的课程设置及总课时

课程	总课时
艺术	230
手工	330
英语	480
家庭与消费者知识	118
语言选择	320

（续表）

课程	总课时
数学	1020
音乐	230
体育与健康	500
瑞典语/作为第二语言的瑞典语	1490
地理、历史、宗教、公民	885
生物、化学、技术、物理	880

资料来源：Improving Schools in Sweden：An OECD Perspective，2015。

2011年义务制教育课程计划中与家政教育相关的课程主要有手工课程、家庭与消费者知识课程这两门课程。由于在1962年的义务教育课程计划中就已经提出了“家政教育的目标应当是消费者教育”(Hjälmeskog，2014)，而到了21世纪以后为突出这一目标，家庭科学(Home Science)课程的名称也就相应地改成了“家庭与消费者知识”(Home and Consumer Studies)，从而更进一步地强调了教育消费者的目的。此外，21世纪以来，可持续发展教育已被正式纳入瑞典教育的所有必修科目之中，而这一目标也同样体现在与家政教育相关的课程中，因此这就需要从一个新的视野来重新修订与家政教育相关的各个课程大纲的内容。

21世纪的手工课程的总课时为330课时，其主要目标在于培养学生使用适当的设备、工具和手工艺技术来设计和制作不同材料的物品，并使用规范的工艺术语分析和评估工作流程和结果、诠释工艺品的美学和文化表现形式的能力，以期激发学生的创造力，增加学生处理日常生活任务的能力(Lgr11)。其主要内容见表3-18。

表 3-18　2011 年义务教育手工课程主要内容设置

类别	低年级 （1～3 年级）	中年级 （4～6 年级）	高年级 （7～9 年级）
材料、工具和工艺技术	1. 金属、纺织品与木材； 2. 材料特性与用途； 3. 手工工具和器具、名称及其安全使用方法； 4. 简单的草图和工作描述、工具与计算	1. 金属、纺织品和木材； 2. 材料特性与用途，以及与其他材料，例如新生材料、可再生利用材料组合的可能性，材料与数字技术如何组合； 3. 手动工具、器械和机器，名称及其安全使用方法； 4. 某些手工艺技术，例如钩针编织和镂空技艺，及其相关的术语； 5. 二维和三维的草图与模型，描述操作过程，进行数据读入、跟踪和计算	1. 金属、纺织品和木材的相互组合，与其他材料，例如新生材料、可再生利用材料组合的可能性，材料与数字技术如何组合； 2. 手动工具、器械和机器，名称及其安全使用方法； 3. 开发各种手工艺技术，例如铸造、编织、车削，及其相关术语； 4. 二维和三维的草图与模型，描述操作过程，进行数据读入、跟踪和计算； 5. 工作环境与人体工程学，比如噪音水平和工作姿势
工艺流程	1. 工作流程的组成部分：创意开发、思考、演示、交流与口头评估； 2. 探讨如何获取材料、器械和工具	1. 工作流程的组成部分：创意开发，思考，展示和评估，各个环节如何相互作用成为一个整体； 2. 探索不同材料和手工艺技术的可能性； 3. 使用或不使用数字工具以文字和图片形式描述工作流程	1. 工作流程的组成部分：创意开发、思考、展示和评估各个环节如何相互作用并影响结果； 2. 研究不同材料的形状、功能和构造的可能性； 3. 使用或不使用数字工具以文字和图片形式描述工作流程； 4. 工作流程的记录

（续表）

类别	低年级 （1～3 年级）	中年级 （4～6 年级）	高年级 （7～9 年级）
工艺品的美学与文化表现形式	1. 表述自己作品的创作灵感之来源； 2. 色彩、形状与材料如何影响成品的表达	1. 创作灵感和偶像源自不同文化的手工艺和手工艺传统； 2. 颜色形状和材料的不同组合如何影响手工艺品的审美表现； 3. 青少年文化中的符号和颜色使用及其内涵	1. 用建筑物、艺术品和设计作品作为自己的创制灵感； 2. 使用不同的材料、颜色、形状表达自己的设计； 3. 时尚和流行趋势，其内涵以及对个体的影响； 4. 瑞典和其他国家的手工艺和手工艺作品是其民族和文化的象征和体现
社会中的手工艺	1. 手工艺品作为装饰品的功能与意义； 2. 一些工艺品材料来源，比如羊毛和瑞典木材品种	1. 手工艺制作活动对个人和社会的意义，包括历史意义和现实意义； 2. 通过维修和回收材料进行资源管理	1. 公共空间中的设计品，艺术作品，家庭手工作品，以及其他手工艺形式作品； 2. 用可持续发展的眼光审视不同材料及其生产方式

资料来源：Curriculum for the Compulsory School，Preschool Class and the Recreation Centre 2011，Lgr11。

2011 年的义务教育课程计划中，手工课程仍然旨在强调帮助学生用不同的材料和手工艺进行制作，特别是纺织品、金属与木制品。通过教学，学生应当在思维、体验与行动中发展他们的手工技能，学会以不同的解决方案和创造性的方法来面对挑战。在手工课程中，学生应当学习关于色彩、形式和设计方面的知识以及如何在工艺品中运用这些知识，在中高年级阶段更要了解这些因素对于手工艺品的审美影响。除此之外，手工课程还要激发学生探索和试验不同材料的好奇心，探索不同材料和手工艺技术。此外，手工课教学应当帮助学生熟悉生产过程，了解工作环境和安全操作规范，学习如何以安全和适当的方式使用手动工具、仪器和机器以及如何选择与处理材料来促进可持续发展。学生还应当学习不同的手工技术，如金属丝、锯切和扭绞材料，钩针编织和镂空材料以及切割和车削金属等。就创造力而言，手工课程还需要培养学生的设计能力，学习各种草图与模型的设计以及相关的计算。不仅如此，手工课程还应当培养学生对审美传统和表现方式的认识，了解不同文化、不同时期以及不同国家的手工艺及其民族与文化特点。

家庭生活有着重要的意义，它不仅能够影响个人的幸福，对社会生活和自然环境也会产生重要的影响。但 21 世纪的家庭与消费者知识课程在九年制义务教育中的学习时间与学习内容相比过去有所减少，核心内容从过去的食物、卫生、住房、人际关系以及消费者经济等五个领域缩减为饮食、消费与环境三个领域，家庭与消费者知识课程的总课时为 118 课时。根据 2011 年义务教育课程计划，学生在家庭与消费者知识课程中应当学习的三大能力是：第一，根据不同的情况和环境来计划和准备食物和膳食；第二，管理和处理家庭的实际情况；第三，从可持续发展的角度评估家庭和消费者的选择和行动。具体课程内容见表 3－19。

表 3－19　2011 年义务教育家庭与消费者知识课程的内容设置

类别	主要内容
食物、饮食与健康	烘焙、烹饪、饮食卫生、饮食的意义、个体的营养
消费与个人财务	财务、储蓄与消费、日常商品的比较、网上购物、供货、家庭财务、消费者的责任与义务
环境与生活方式	再循环、饮食传统、商品选择对环境与健康的影响、洗涤与清洁方法

资料来源：Curriculum for the Compulsory School, Preschool Class and the Recreation Centre 2011, Lgr11。

家庭与消费者知识课程以维护可持续发展的社会为目标对消费者开展教育，因此食物、健康、环境与消费者教育是它的主要教学内容，该课程的教学应该让学生有机会去发展他们的能力，让他们学会以消费者的视角用可持续的角度来评估家庭的选择和行动。通过该课程的学习，学生应当获得关于食物、家庭消费以及家庭生活的专业知识，并能够在完成家庭事务时做出主动而正确的选择，并发挥自己的创造力。

从食物与健康来说，食品与环境、人类健康息息相关。该课程需要重点关注食品生产、食品加工以及与食物相关的营养知识，计划膳食和实践烹饪的知识，其主要内容见表 3－20。

表 3－20　2011 年义务教育食物、饮食与健康课程的内容设置

低年级和中年级(1～6 年级)	高年级(7～9 年级)
1. 食谱及说明，如何阅读和遵照食谱，烘焙和烹饪的常用词汇和概念； 2. 烘焙与烹饪及其不同的方法； 3. 计划安排和组织自家的烹饪工作和其他家务活动； 4. 厨具及其功能，以及安全使用方式介绍； 5. 处理、烹饪和保存食物时的卫生与清洁； 6. 不同方法支持膳食多样化与膳食均衡以及一日膳食的分配； 7. 膳食对社区的重要性	1. 烹饪食谱的比较和数量的计算，自创食谱； 2. 烘焙与烹饪的多种方式，不同方法的选择对烘焙与烹饪过程以及结果的影响； 3. 计划安排和组织自家的烹饪工作和其他家务活动； 4. 厨具及其功能，以及安全使用方式介绍； 5. 处理，烹饪和保存食物时的卫生与清洁； 6. 个体所需要的能量与营养，比如运动餐饮的构成； 7. 膳食安排及其对社区和福祉的重要性

资料来源：Curriculum for the Compulsory School, Preschool Class and the Recreation Centre 2011，Lgr11。

2011 年义务教育课程计划将家庭与消费者知识教育划分成 1～6 年级 7～9 年级的两个阶段。在 1～6 年级阶段，学生要了解食谱及其相关说明以及关于食物准备的常用词语，学习不同的烘焙和烹饪方法、可用于烘焙与烹饪的工具与技术设备，以及如何安全地使用这些工具设备，掌握如何在一天内合理分配膳食，处理和储存食物时的卫生，以及饮食对于一个群体的意义。对于 7～9 年级阶段的学生则有了更高的要求，学生除了要学会比较不同的食谱，还需要学会自创食谱；对于不同的烘焙和烹饪方法，学生要加以比较并了解不同的选择所带来的影响和结果；另外学生还需要掌握如何对饮食进行安排和组合来满足不同的能量和营养需求，以及饮食对于培养群体感和幸福感的重要意义。

从消费角度来说，当代社会被诸多研究者称为“消费社会”，这是因为经济不断增长，而社会则从以生产为中心的模式，转向以消费为中心，正如鲍德里亚所言：“今天，在我们的周围，存在着一种由不断增长的物、服务和物质财富所构成的惊人的消费和丰盛现象。它构成了人类自然环境中一种根本变化。”（鲍德里亚，2000）卡塞尔（Kasser）认为，这种对繁荣的憧憬，对过上美好生活的憧憬，会对我们作为消费者的需求产生影响，因为“如果财富和看似无限的消费成就了我们对繁荣的憧憬，那又会怎样？政策制定者关注如何最大化国民生产总值，与他们控制的庞大资本进行合作，了解我们可能想要购买的优质产品和服务的机会，以及一群受金钱驱使的未来工人和消费者，除了这些以外，我们还能要求什么”（Hjälmeskog，2014）？在这一意义上，2011 年的家庭与消费者知识课程的教学大纲进行了相应的重大修订，强调了金融、消费与消费者教育，其课程主要内容见表 3 - 21。

表 3 - 21　2011 年义务教育消费与个人财务课程的内容设置

低年级和中年级（1～6 年级）	高年级（7～9 年级）
1. 金融、储蓄和消费； 2. 广告和客观消费信息间的区别； 3. 常用商品与价格的比较	1. 个人理财、借贷与赊购； 2. 家庭财务与消费； 3. 消费者的权利与义务； 4. 广告和媒体对消费者的影响； 5. 商品选择的出发点，如从经济、社会、环境可持续角度进行消费； 6. 多角度的比较商品，如价格和质量

资料来源：Curriculum for the Compulsory School，Preschool Class and the Recreation Centre 2011，Lgr11。

在 1～6 年级阶段，家庭与消费者知识课程中的消费与个人财务教学主要是培养学生的金融、储蓄和消费观念，使他们能够区分广告与消费者客观信息之间所存在的差别，并学会比较商品和价格。而7～9年级阶段则提出了相对更高的要求，学生不仅要学习个人的理财能力、家庭账务的计算，还需要学会借贷、赊购、网购，以及如何从可持续性的角度来选择衣食住行，根据价格和质量进行各种产品的比较；此外学生还需要学习广告和媒体对消费行为的影响，了解消费者的权利和义务。

由于瑞典的义务教育改革强调可持续发展的理念，义务教育阶段的大纲中都渗透可持续发展教育理念，家庭与消费者知识课程也非常注重环境教育，旨在提高学生的环境意识，学习环保知识，培养他们可持续发展的思维方式，其课程内容主要见表3-22。

表3-22　2011年义务教育环境与生活方式课程的内容设置

低年级和中年级(1～6年级)	高年级(7～9年级)
1. 产品的环境标签及其意义； 2. 家庭商品与服务的选择对环境和健康的影响； 3. 如何进行垃圾分类回收； 4. 饮食传统文化，比如节日饮食	1. 食品与商品的运输方式以及对环境和健康的影响； 2. 管理和保存食物与其他日常品； 3. 洗涤与清洁的程序与方法； 4. 性别平等下的家庭分工； 5. 与个人财务、食品、健康相关的社会问题； 6. 不同的饮食传统的起源和意义

资料来源：Curriculum for the Compulsory School, Preschool Class and the Recreation Centre 2011，Lgr11。

在1～6年级阶段，环境与生活方式课程主要让学生学会认识产品的环境标签，注意家庭商品与服务的选择和使用将会如何影响环境与健康；为了保护环境，学生还应当学会回收利用的运作方式以及简单的食物传统。7～9年级阶段则要求学生能够了解食品和商品的生产及运输方式对环境和健康的影响，在家庭中能够高效地利用食品与消费品，掌握洗涤与清洁的各种方法，并能够从性别平等的角度合理分配家务；此外学生应当了解食品与健康等社会问题以及不同的饮食文化与饮食传统。

概言之,通过家庭与消费者知识课程的学习,学生应当能够学会计划、准备和调整饮食以及家庭中的事务,了解如何均衡饮食,并使之多样化,根据健康、财务、环境做出正确的选择和评估以及处理家庭生活可能面临的各种问题和情况。此外,学生需要学会在不同的消费选择之间进行比较,了解消费者的基本权利和义务,并根据可持续社会发展的理念以及生态发展的理念在消费和家庭生活中做出正确的选择和判断。

第四章　瑞典高级中学教育中的家政教育

20世纪60年代初，瑞典高级中学教育尚分为以升大学为目的的普通学校和提供职业预备教育的职业学校两种，不同类型的高中界限分明，两者并存。然而，高级中学教育这种完全的双轨制不仅引起了家长和学生的强烈不满，也与北欧社民党所倡导的社会公平价值观产生了根本的冲突。20世纪60年代起，瑞典开始对高级中学教育进行持续改革，统一高中类型，完善课程计划，逐步建立起别具一格的高级中学体系。

一、瑞典高级中学教育的发展

总体来看，瑞典高级中学的教育改革可以划分为三个阶段：综合高中的确立（20世纪六七十年代）、课程结构的统一（20世纪90年代）、新课程的发展（进入21世纪以来）。

（一）综合高中的确立（20世纪六七十年代）

第二次世界大战以后，瑞典高中教育的结构由高级中学系统和职业学校系统两种各自独立的学校系统组成。高级中学系统包括面向升学的普通高中(又称为学术性高中)和面向就业的商业高中和工业高中三类,普通高中隶属于国家教育委员会,而商业高中和工业高中则隶属于职业教育委员会。职业学校系统包括农业技术学校、林业技术学校和家政职业学校等。从分布来说,普通高中较商业高中、工业高中广。20 世纪 50 年代,瑞典全国有 132 个城市设有普通高中,而分别只有 31 个、28 个城市有商业高中、工业高中。到 20 世纪 60 年代之前,普通高中需要读 3 年或 4 年,设传统、普通、近代三科,各科到高二的时候再次分科,传统科分为全传统科和半传统科,普通科分为语言科和社会科,近代科分为生物科和数学科。商业高中自 1961 年开始,学制从两年改为三年,并在入学第三年分语言、会计、金融、管理四个科目。工业高中基本都是三年制,但也开设一些两年制的特别专业班,工业课程共分为机械科、建筑科、电信科等 19 科。不同类型的学校泾渭分明、各行其道,即使同一类高中也各自独立,开设的课程存在较大的差异;同时普通高中学生很难就业,而商业高中和工业高中学生不能升学,这样的分类束缚了学生自由选择的权利。

为了实现高中和义务教育的衔接,吸纳日益增多的义务教育毕业生,解决教育制度和社会需求不匹配等问题,瑞典政府于 1960 年成立"高级中学调查委员会"(Gymnasieutredningen),委员会提出取消普通高中、商业高中、工业高中之间的区别,以一种综合性的高级中学取而代之,在这类综合性的高级中学开设人文、社会科学、自然科学、技术、经济五类课程。1962 年政府又成立一个"职业学校调查委员会"(Fackskoleutredningen),该委员会主张职业学校和综合性高级中学平行,职业学校的学制为两年,分设社会、经济和技术三类课程。1963 年,瑞典又成立了职业教育改革委员会,就职业教育与普通教育的关系、课程的设置等问题展开深入的调查和研究。1964 年瑞典议会通过决议,确定了"一体化和综合化"(integrated and comprehensive,又称为统合化)

的高中改革基本方针，将普通高中、商业高中和工业高中合并为一类高中，具有一定的综合性，瑞典的高级中学教育出现了由这类合并而来的"综合高中"与职业学校并存的局面。1966年瑞典职业教育改革委员会提交的报告提出设想，把这些后期中等教育机构统合成单一的学校类型——综合高中(Gymnasieskola，也称为统合高中)。议会最终采纳了这一建议，瑞典政府从1971年开始在全国推广综合高中。从此，瑞典只有一种高中类型，即综合高中。瑞典的教育政策认为，这样做有以下几个方面的好处：其一，在综合高中设置普通课程、职业知识课程和多元选择性课程，可以促使职业教育普通化，帮助学生为未来的社会职业市场做好准备；其二，通过教育整合进一步改变社会职业偏见；其三，有助于确保16岁至20岁的青年学生，不论性别、社会地位、经济背景等的不同，均能接受中等教育。

综合高中把普通教育和职业教育相结合，具有双重任务：既为学生毕业后从事某种职业做准备，又向学生提供普通科学文化知识的系统教学，为毕业生升学做准备。因此综合高中既实施学术性教育，也进行职业性教育。综合高中共设23个科目，分属人文与社会、经济与商业、技术与自然科学三大领域，学习年限有二年、三年或四年不等。其中，只需要学习2年的专业，主要是为高中毕业后就业准备的，在2年制教学中，既有侧重学术性教育的科目，也有偏重职业性教育的科目，但以职业性教育为多。两年制的科目有经济学、音乐、社会工作、技术、收发与办公室工作、饭店与宴会服务、服装工业、园艺、社会护理、社会服务、建筑与市政工程、食品技术、操作与维修技术、工程、机动车辆、电讯、制版工程、农业、林业和木工。学制为3年或4年的专业，主要为上大学打下基础，但也可以为就业创造条件。三年制的科目有人文学科、社会科学、经济学、自然科学，主要进行学术性教育，为毕业生升入高等学校打下扎实的科学文化知识基础，但在三年制教学中仍开设每周1学时的职业指导课。四年制的科目只有技术科一种，既实施学术性教育，也进行职业性教育，把以升学为目的的普通教育和以就业为目的的职业教育融为一体。技术科在第一和第二学年不分专业，学生主要学习瑞典语、英语或第二外语、历史、公民学和体育等普通文化课以及数学、物理、化学、工艺学、商业经济学和职业指导等职业基础课程。另外，学生还必须在综合高中的实习车间接受200个小时的实践培训，以获取必要的实际工作经验，为未来专业课的学习奠定基础。第二学年结束，学生根据自己的兴趣爱好、学业成绩和社会需求在机械工程、建筑、电子工程和化学工程等四个专业中进行选择，第三学年开始按所选专业学习专业课；同时，各专业的学生必须学习瑞典语、英语或第二外语、宗教知识和体育等普通文化课以及数学、物理、职业指导等职业基础课程，还必须前往对口的企业接受为期6周的专业实习。第三学年结束，学生面临两种选择，或升入普通高等学校接受高等教育，或留在综合高中继续第四学年的专业学业。第四学年期满，学生仍可选择升学，即进入限定专业的高等学校接受对口专业的高等教育；也可选择就业，毕业时能领到一种叫“高中工程师”的证书，在对口企业担任工程师。综合高中同时面向升学和就业，实现了职业教育和普通教育的融合，刚一实施就受到普遍欢迎。据统计，综合高中开设当年(1971年)的秋季，义务教育学校学生进入高中的入学率达到95%以上。

(二) 课程结构的统一(20世纪90年代)

综合高中在之后的试行期间，逐渐暴露出一些问题，主要集中在以下三个方面：

1. 教育平等问题

一是社会阶层的差别，白领阶层的子女大部分选择理论类长期课程，蓝领阶层的子女大部分选择职业类课程；二是男女性别的差别，90%的女生选社会服务、看护和消费指导，而选学工业、商业和工艺的学生中，有80%是男生，这样的选择会让男生在升入大学和获取高薪职业上占据上风，但男生的平均学业成绩多年来一直不如女生；三是高中学校的差别，较大规模的、既能提供长期理论课程又能提供职业课程的学校在升学率、就业率等方面高于侧重提供理论课程或侧重提供职业课程的学校。

2. 课程设置问题

综合高中开设过于繁多的学科计划和专业课程，学校很难同时设置各类课程，且开设较多课程还会增加学校的经济负担；两年制的职业类课程的学习时间过短，许多课程的内容没有与时俱进，学生的理论水平和实践技能都难以适应社会经济发展需要；普通科目内容浅显狭窄，难以满足学生对宽广知识的要求，而学生和雇主都表示希望职业组学生加强学习普通科目。

3. 学生的个人需求问题

教学内容偏向于科目中心，强调他人的间接经验，没有考虑学生个人发展，学生认为“学校离现实生活过于遥远，学校的教学和个人的发展关系不大”；学校制度强调自由选择，但实际上没有提供学生希望学习的途径，学生感到“自己很少作为人被注意到”。

面对综合高中暴露出的弊端，政府成立高级中学调查委员会和职业教育改革委员会对综合高中现状进行调查，并提出改革建议。1989 年国家教育委员会向政府递交一份议案——《90 年代瑞典高中的新改革计划》，开启新一轮高中课程改革。1991 年瑞典政府对《教育法》进行大幅修订，制定了新的教育制度，新型瑞典高中教育体制于 1992—1993 学年实施；1994 年颁布的《1994 年非义务教育学校课程计划》(Lpf94)从 1995—1996 学年开始在全国使用。本轮改革的主要措施有：(1) 实行教育放权，高中教育的组织和管理权从中央交付到地方市政当局，地方接管教育经费分配等所有事务；(2) 提出公民能力概念，所有学生都应在高中阶段获得公民能力，规定各所高中按照国家教学大纲实行分专业教学，各个专业无高低贵贱，地位和价值完全等同，并且都实行职业教育和学术教育，同时面向升学和就业，职业课程学生也有接受高等教育的资格；(3) 原先高中的两年制课程并入成人教育机构，四年制课程并入高等教育机构，大大削减学科数量，统一制定 16 门国家课程(national program)，其中 14 门为职业取向、2 门为升学取向，规定一律修业三年，地方和学校也可以根据地区差异和学生个人实际需要开设特设课程(Specially Designed Program)和个人课程(Individual Program)。

经过此次课程改革，瑞典的综合高中将职业课程的地位提高到与理论课程相同的水平，统一课程结构和修业年限，进一步走向了“统合”。

(三) 新课程的发展(进入 21 世纪以来)

进入 21 世纪以来，瑞典参与的国际研究表明，学生离校时所掌握的知识不如以前，许多学生在高中辍学，与其他国家相比，瑞典的青年失业率较高，因此进一步完善优化高中课程，提升高中教育质量显得刻不容缓。2006 年秋季瑞典大选后的新政府一上台就终止前任所拟议的高中教育 GY - 07 改革计划，宣布新的政策主张。随后组建的“高中教育改革委员会”于 2008 年公布了改革建议“新型高中:通往未来之路”，面向全国广泛征求意见。政府在此基础上形成议案，并于 2009 年 4 月底向议会提交。该法案指出高中教育过于单一，对高等教育和职业工作的准备不足；许多参加职业课程的学生难以完成学业，职业教育和培训与行业需求不匹配，降低了年轻人的就业能力；由于教育市场的开放，教育选择范围广，各种教育方案内容各异，学生、家长和雇主很难厘清其间关系与最终教育目标。2010 年瑞典议会颁布了新《教育法》和新《高中学校条例》，并于 2011 年开始执行，同时瑞典国家教育署发布了高中课程的新大纲和新评价标准。2011 改革年课程改革的具体措施有：提高高中入学标准，对选择高中职业和理论课程的学生实行单独的入学要求；引入“高中文凭”，设立文凭目标，保障高中教育质量；启用新的六级评价标准（A～E）取代原先的四级评价标准（合格、优秀、特别优秀、不合格）等。

经过 2011 课程改革，瑞典新课程体系形成，现有 18 门国家课程，其中 6 门高等教育预备课程（higher education preparatory programmes），12 门职业课程（vocational programmes）。

二、瑞典高中普通科中的家政教育

自瑞典综合高中形成以来，伴随高中课程改革先后颁布了三部课程大纲：Lgy70 时期（1971—1995 年）、Lpf94 时期（1995—2011 年）、Gy11 时期（2011 年至今），从三部课程大纲的课程设置中可以看出，在瑞典高中教育阶段，家政不再作为一门所有学生必修的科目开设，由于高中教育的目标是让学生具备进入社会参与工作或升入高等教育学校继续学习的能力，与家政相关的课程内容和教授方式也发生了变化。

（一）Lgy70 时期（1971—1995 年）

Lgy70[①] 是按照学习计划路线（Line）进行开设的，分为普通科和职业科。普通科又分为两年制、三年制和四年制，职业科为两年制（图 4－1）。

此阶段综合高中的课程也分为两大类：一类是普通教育课，其中瑞典语、体育和职业指导（reserve period）是各科教学计划中都设置的公共课；另一类是专业课，在课程设置上必修课占绝对优势，部分科开设选修课。

① 瑞典高中自 1971 年开始实行新的高中课程方案，即 Lgy70 课程。

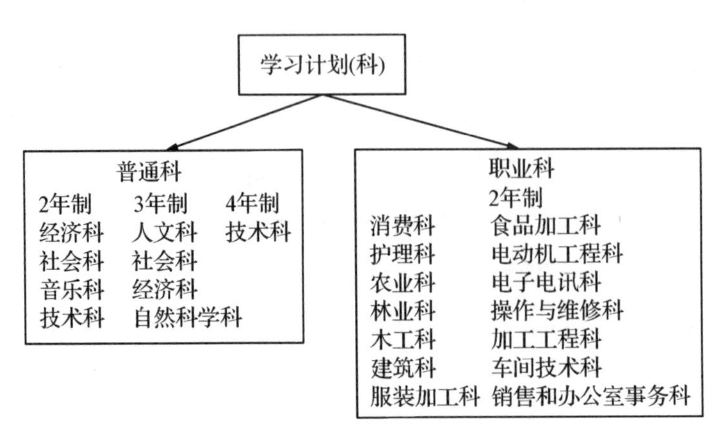

图 4-1　综合高中设立初期的职业科与普通科

一般而言，选修课要求学生每一学年(40 周)在包括消费知识在内的若干门科目中任选一门进行学习，课时量为每周 3 个课时，每课时 40 分钟。

与职业科相比，普通科的课程内容更加侧重于理论性和普适性，外语、数学等科目占有重要地位，专业课中几乎不涉及家政教育，但学生若在选修课中选修"消费知识"，是可以在校学习家政知识的。值得注意的是，两年制的普通科均开设选修课，而三年制和四年制不开设选修课。四年制的技术科的前三年是理论教育，学生学习之后可以选择升入大学或者继续第四年的学习，第四年是职业导向教育，毕业后授予专业资格证，学生可以直接就业，也可以升入大学。

总体来看，在 1971—1995 年的 Lgy70 时期，瑞典综合高中普通科基本上不在课程设置中开设与家政相关的课程，只有两年制普通科中学习经济科、音乐科或社会科的学生在选修课中还可以选修到与家政相关的课程。以两年制经济科为例，学生可以在第二或第三外语、音乐、绘画、手工、戏剧、心理学、消费知识七门课中任选一门，其中手工课程是经典的家政课程，一、二年级都开设，每周 3 课时；消费知识课程中也涉及很多家政相关知识，只在二年级开设一年，每周也是 3 课时(表 4-1)。

表 4－1　两年制经济科所开设的选修课

课程类型	课程名称	每周课时
选修课（任选一门）	第二或第三外语	3
	音乐	
	绘画	
	手工	
	戏剧	
	心理学（一年级）	
	消费知识（二年级）	

（二）Lpf94 时期（1995—2011 年）

20 世纪 90 年代瑞典再度启动高中课程改革，本次课程改革所诞生的《非义务教育学校课程计划》（Lpf94）从 1994 年起开始正式实施。原先在 Lgy70 当中按学习计划（line）所组织的高中课程，由课程（program）取代。国家统一设立了 16 门国家课程（national program），其中理论类课程只有 2 门，为自然科学、社会科学，侧重于升学，类似于“普通科”，并且规定一律修业三年，其中多数国家课程在第二年或第三年设立数量不等的专业分支。而职业类课程有 14 门，侧重于就业，性质上等同于“职业科”，2000 年，国家课程新增一门职业类课程——技术，总数增加到 17 门（表 4－2）。

表 4－2　Lpf94 时期 17 门国家课程

类别	课程名称
理论类课程	自然科学
	社会科学
职业类课程	儿童保育
	建筑

（续表）

类别	课程名称
职业类课程	电机工程计划
	能源
	艺术
	车辆工程
	商业管理
	工艺美术
	酒店与餐饮
	工业
	食品
	媒体
	自然资源利用
	健康护理
	技术（2000 年设立）

国家规定各个国家课程方案的课程结构相同，学分统一为 2 500 分，其中公共核心课程 750 学分，占总学分的 30%；个人选修课程 300 学分，占总学分的 12%；特定项目学习课程 1 450 学分，占总学分的 58%（表 4－3）。公共核心课程共 8 门，分别是英语、社会学、体育与健康、数学、科学、公民、瑞典语以及宗教学。

表 4－3　Lpf94 时期高中课程结构

课程	
公共核心课程（750 学分）	
个人选修课程（300 学分）	
特定项目学习课程（1 450 学分）	专业必修课程
	专业选修课程

（续表）

课程	
特定项目学习课程(1 450 学分)	其他选修课程
	独立研究课程

随着8门核心课程的确立，学生开始能够在必修课程中学习一些家政知识。例如，原先Lgy70时期的“体育”(physical education)必修课变为8门核心课程之一的“体育与健康”(physical education and health)。“体育与健康”课程大纲在学习目标中指出，学生要学习压力调节、户外生活、紧急救生等知识，还要能够从个人和社会的角度讨论生活方式、环境与健康之间的关系，可见该课程虽然以体育和运动为主题，但在一定程度上融合了家政教育中的健康饮食、生活行为方式等内容。

根据1985年通过的《教育法》以及相关法规，国家负责颁布国家课程方案和课程大纲，不再制定统一的课表，地方当局和学校根据本地情况确定具体的授课计划。因此，300学分的个人选修课程开设的具体科目由学校自行决定，学生是否有机会在个人选修课当中接受家政教育取决于学校是否提供相应课程。

（三）Gy11时期(2011年至今)

根据瑞典2011年新课程改革颁布的课程计划Gy11，国家课程增加为18门，其中高等教育准备课程(原理论类课程)增加为6门，职业课程(原职业类课程)缩减为12门(表4-4)。

表4-4　Gy11时期18门国家课程

类别	课程名称
高等教育准备课程	经济学(EC)
	美学(ES)

（续表）

类别	课程名称
高等教育准备课程	人文(HU)
	自然科学(NA)
	社会科学(SA)
	技术(TE)
职业课程	儿童与课外活动(BF)
	建筑工程(BA)
	电力和能源(EE)
	车辆和运输(FT)
	商业管理(HA)
	手工艺(HV)
	酒店和旅游(HT)
	工业技术(IN)
	自然资源使用(NB)
	餐馆和食物(RL)
	房屋维修与房地产(VF)
	照看与护理(VO)

此阶段的课程结构和学分总分与 Lpf94 时期保持一致，但在具体内容上进行了一些调整，主要包括：(1) 公共核心课程中的“公民”课改为“历史”课。(2) 高等教育准备课程相比职业课程的学生在核心课程部分要求修习更多学分。(3) 个人选修课的学分从 300 分下调为 200 分。具体如表 4－5。

表 4－5　Gy11 时期课程学分构成

类别	课程	高等教育准备课程	职业类课程
公共核心课程	瑞典语(或作为第二语言的瑞典语)	300	100
	英语	200	100

（续表）

类别	课程	高等教育准备课程	职业类课程
公共核心课程	数学	100/200/300[1]	100
	体育与健康	100	100
	历史	50/100/200[2]	50
	社会学	100/200[3]	50
	宗教学	50	50
	自然科学	100[4]	50
特定项目学习课程	职业类课程的专业课		1 600
	高等教育准备课程的专业课	950/1 100/ 1 050[5]	
	个人选修课	200	200
	文凭项目课	100	100

[1]艺术和人文课程 100 个，经济和社会科学课程 200 个，以及自然科学与技术课程 300 个。

[2]技术课程 50 个，经济、社会科学和自然科学课程 100 个，艺术和人文课程 200 个。

[3]经济学课程 200 个，其他课程 100 个。

[4]自然科学课程以特定科目生物、物理和化学取代自然科学，技术课程以特色科目物理和化学取代自然科学。

[5]经济学课程 950 个，技术课程 1 100 个，艺术、人文、社会科学和自然科学课程 1 050 个。

与 Lpf94 时期类似，选择高等教育准备课程的学生可以在“体育与健康”“社会学”等核心课程以及个人选修课当中学习家政知识。尽管个人选修课程的学分下调到 200 个学分，但是《高中条例（2010）》在 2012 年修订时规定，学校在提供个人选修课程时，除了提供学习计划相关的课程，还必须至少提供一门体育与健康课程以及一门家庭与消费者知识课程。此项举措将“家庭与消费者知识”确立为一门面向所有高中生的基础性选修科目，一定程度上凸显了瑞典高中对家政教育的重视程度。

可见，自综合高中设立以来，虽然课程计划和大纲发生了数次变化，但即使对普通科学生来说，家政教育在个人选修课程和部分核心课程中也都有所体现：一方面，家政教育内容在部分核心课程中有少量渗透，从而确保每个学生都能在高中阶段继续学习一些有关生活、健康、环境的基础家政知识，帮助学生树立科学的生活理念，养成健康的生活方式；另一方面，“家庭与消费者知识”等家政类科目在个人选修课中独立开设，使学生可以根据自己的兴趣爱好进行选修，从而满足不同学生对家政教育的学习需求，体现家政教育课程设置的灵活性。

三、瑞典高中职业科中的家政教育

瑞典高中的职业科为学生进入社会就业打基础，开设的学习计划与社会中的具体职业挂钩，让学生能够获得从事某个职业或某类行业所需要的实际技能和知识。家政学是一门以家庭生活为研究对象的交叉性学科，涉及膳食、卫生保健、社交礼仪等多方面内容，保育员、营养师等诸多社会职业都必须以扎实的家政知识和技能作为基础。所以相较于普通科，在综合高中职业科中的家政教育覆盖范围更广，内容更丰富，针对性更强，指向就业的目的也更加明确。

瑞典高中教育职业科的另一个特征是富有灵活性，可以针对那些按照国家规定的教学计划不能满足学习目的的学生开设特殊专业，制订特殊的教学计划。像“儿童与课外活动”“商业管理”“手工艺”“自然资源使用”4 个课程国家不规定专业领域，其领域的设置被委任给地方政府。其中的“儿童与课外活动”“手工艺”都是家政课程，“商业管理”中的许多内容也与家政密切相关。

随着社会经济发展，瑞典高中开设的家政相关的职业科数量几经调整，课程内容也发生变化，总体呈现出系统化、专业化和现代化的发展趋势。

(一) Lgy70 时期(1971—1995 年)

综合高中设立之初的职业科,包括消费科、操作与维修科等 14 个两年制的科(见图 4-1),其中,与家政相关的有消费科、护理科、食品加工科和服装加工科 4 个科,其分支专业和课程设置具体如下:

1. 消费科

消费科分为三个分支,分别是家政分支、纺织分支和餐饮分支。消费科的所有学生在第一学年的课程基本相同,在第二学年,学生分流到家政、纺织和餐饮三个分支专业中学习。

家政分支的特点是提供与有子女的家庭、老人和残疾人的服务活动有关的知识与技能。该专业学生在饮食教育、住房和环境教育以及消费者教育,甚至心理学、护理学等各科目中都要研究和考虑这些群体的需要和条件。

纺织分支侧重于纺织教学。该专业学生要围绕纺织品学习设计图案、选择材料、计算成本等相关知识,也要练习缝纫和编织的实践技能,此外还进行一些为家具、住宅内部装饰配色的设计练习。

餐饮分支的教学重点是食品生产。该专业学生要学习食品立法、饮食均衡、食品保鲜、菜单制作等知识,同时锻炼处理、制作和烹饪食品的操作技能。

从课表可见(表 4-6、表 4-7),消费科的学生专业课有 2 240 课时,约为普通课程课时的 3 倍,且课程类型多样,涉及心理学、经济学、饮食、纺织、护理等多个方面;不同专业的学生专业课课时分布有较大差异,家政专业课程内容涵盖范围最广,学生在社会、消费、护理领域都要进行学习;纺织专业学生侧重学习缝纫、纺织和设计类课程,而餐饮专业的学生则主要学习食品生产,无须修习护理相关课程。

表 4－6　消费科课程表　　（单位：课时）

<table>
<tr><th colspan="2" rowspan="2">科目</th><th colspan="2">第一学年第一学期</th><th colspan="3">第一学年第二学期</th><th colspan="3">第二学年</th></tr>
<tr><th>家政/纺织</th><th>餐饮</th><th>家政</th><th>纺织</th><th>餐饮</th><th>家政</th><th>纺织</th><th>餐饮</th></tr>
<tr><td colspan="2">瑞典语</td><td>80</td><td>80</td><td>80</td><td>80</td><td>80</td><td>120</td><td>120</td><td>120</td></tr>
<tr><td colspan="2">职场指导</td><td>20</td><td>20</td><td>20</td><td>20</td><td>20</td><td>40</td><td>40</td><td>40</td></tr>
<tr><td colspan="2">家庭事务</td><td>60</td><td>60</td><td>40</td><td>40</td><td></td><td></td><td></td><td></td></tr>
<tr><td colspan="2">心理学</td><td></td><td></td><td></td><td></td><td>20</td><td>80</td><td></td><td>40</td></tr>
<tr><td colspan="2">社会学</td><td></td><td></td><td></td><td></td><td></td><td></td><td></td><td></td></tr>
<tr><td colspan="2">消费知识</td><td>40</td><td>40</td><td>40</td><td>40</td><td>40</td><td></td><td></td><td>1 080</td></tr>
<tr><td colspan="2">食品生产</td><td></td><td></td><td></td><td></td><td>380</td><td></td><td></td><td></td></tr>
<tr><td colspan="2">住房与环境教育</td><td>60</td><td>60</td><td>80</td><td>80</td><td></td><td>200</td><td></td><td></td></tr>
<tr><td colspan="2">纺织学</td><td>80</td><td>40</td><td>80</td><td>180</td><td></td><td></td><td>960</td><td></td></tr>
<tr><td colspan="2">设计</td><td></td><td></td><td></td><td></td><td></td><td></td><td>160</td><td></td></tr>
<tr><td colspan="2">健康与卫生</td><td>60</td><td>80</td><td>40</td><td>40</td><td>60</td><td></td><td></td><td></td></tr>
<tr><td colspan="2">经济</td><td>20</td><td>20</td><td>20</td><td>20</td><td>20</td><td></td><td></td><td></td></tr>
<tr><td colspan="2">护理与照料</td><td></td><td></td><td></td><td></td><td></td><td>200</td><td></td><td></td></tr>
<tr><td colspan="2">儿童研究</td><td>40</td><td></td><td>40</td><td>40</td><td></td><td>120</td><td></td><td></td></tr>
<tr><td colspan="2">饮食教育</td><td>160</td><td>220</td><td>180</td><td>80</td><td></td><td>440</td><td></td><td></td></tr>
<tr><td colspan="2">职业指导</td><td>40</td><td>40</td><td>40</td><td>40</td><td>40</td><td>80</td><td>80</td><td>80</td></tr>
<tr><td rowspan="6">选修课</td><td>英语</td><td rowspan="6">60</td><td rowspan="6">60</td><td rowspan="6">60</td><td rowspan="6">60</td><td rowspan="6">60</td><td rowspan="6">120</td><td rowspan="6">120</td><td rowspan="6">120</td></tr>
<tr><td>第二或第三外语</td></tr>
<tr><td>宗教知识</td></tr>
<tr><td>公民学</td></tr>
<tr><td>数学</td></tr>
<tr><td>音乐或绘画</td></tr>
</table>

表 4-7 消费科分支专业的课时比较

课程		家政	纺织	餐饮
普通课程	瑞典语	280	280	280
	体育	160	160	160
	选修课	240	240	240
	职业指导	40	40	40
	总课时	720	720	720
社会课程	职场指导	80	80	80
	家庭事务	100	100	60
	心理学	80	—	60
	社会学	80	—	—
	消费知识	80	80	80
	经济学	40	40	40
	总课时	460	300	320
消费/生产课程	住房和环境教育	340	140	60
	饮食教育	780	240	220
	食品生产(包括健康和卫生)	—	—	1 600
	纺织学(包括设计)	160	1 380	40
	总课时	1 280	1 760	1 920
护理课程	健康与护理	100	100	—
	儿童研究	200	80	—
	护理与照料	200	—	—
	总课时	500	180	—

毕业之后，家政专业的学生可以进入寄宿家庭、疗养院等从事餐饮或看护工作，也可以申请高等水平的膳食经济学、家政教师培训课程；纺织专业学生可以进入手工艺企业、室内装饰公司就业，也可以申请高等水平的纺织教师培训课程；餐饮专业的学生可在医院、学校食堂等餐饮部门工

作。消费科学生若在一年级和二年级将英语作为选修科目，还能够获得接受高等教育的基本资格。

2. 护理科

护理科在第一学年时就设立医疗保健和老年护理、儿童与青少年关怀计划两个分支，在第二学年还设立精神治疗分支（包括智力障碍成人护理分支）。在部分地区，儿童与青少年关怀计划分支在二年级时还包括儿童护理分支（表 4 - 8）。

表 4 - 8　护理科分支专业

第一学年	医疗保健和老年护理		儿童与青少年关怀计划	
第二学年	医疗保健和老年护理	精神治疗（包括智力障碍成人护理）	儿童与青少年关怀计划	儿童护理

医疗保健和老年护理分支的教学重点是护理教育与护理实践，在整个学习阶段，理论与实践交替进行，实践时间每年约为 21 周。在第一学年，学生要熟悉人体结构和功能、护理工作原理以及与老龄化相关的知识，在第二学年，课程内容会进一步深化。

精神治疗分支侧重于精神护理，在二年级期间，职业实践中有 14 周用于精神护理，另外 7 周用于内科或外科护理。智力障碍成人护理的课程设置与精神治疗分支基本相同，但侧重对智力障碍成人进行护理，有 7 周的护理实习要在智力障碍成人护理机构中进行。

儿童与青少年关怀计划分支的主要学习重点是儿童和青少年研究以及儿童福利实践，学生要学习儿童和青少年的个人需要、发展潜力、日常照顾、休闲活动、教育、儿童和儿童照顾的社会和家庭政策等内容。理论教学和儿童福利实践交替进行，实践时间每年大约 21 周。儿童护理、儿童与青少年关怀计划分支的学习内容基本相同，但在二年级的护理实践被分为 10 周病童护理、5 周婴儿护理和 6 周严重智力障碍/残疾儿童和青少年护理。

在课程设置上(表 4－9)，医疗保健和老年护理分支比儿童与青少年关怀计划分支在社会医学、药理学和病理学等医学类科目上花费的课时更多，儿童与青少年关怀计划分支的家庭事务、心理学等科目课时更多，可以看出虽然同为“护理”方向，但前者倾向于医学领域的“护理”，后者则侧重于“照料”。

表 4－9　护理科课表　　(单位:课时)

科目	医疗保健和老年护理		精神治疗(包括智力障碍成人护理)		儿童与青少年关怀计划		儿童护理
	学年		学年		学年		学年
	第一学年	第二学年	第一学年	第二学年	第一学年	第二学年	第一学年
瑞典语	160	120	160	120	160	120	160
职场指导	40	40	40	40	40	40	40
心理学	65	51	65	51	65	77	65
社会医学		44		57		26	
家庭事务						38	
解剖学和生理学		70		70		26	
卫生与微生物学		51		51		13	
病理学		69		69		57	
药理学		45		45			
护理教育	414	265	414	252	195	44	195
儿童研究	78		78		297		297
儿童与青少年研究						263	
护理实践	483	525	483	525			
儿童福利实践					483	525	483
音乐						51	
体育课	80	80	80	80	80	80	80
职业指导	40	—	40	—	40	—	40

（续表）

<table>
<tr><th colspan="2" rowspan="3">科目</th><th colspan="2">医疗保健和老年护理</th><th colspan="2">精神治疗（包括智力障碍成人护理）</th><th colspan="2">儿童与青少年关怀计划</th><th>儿童护理</th></tr>
<tr><th colspan="2">学年</th><th colspan="2">学年</th><th colspan="2">学年</th><th>学年</th></tr>
<tr><th>第一学年</th><th>第二学年</th><th>第一学年</th><th>第二学年</th><th>第一学年</th><th>第二学年</th><th>第一学年</th></tr>
<tr><td rowspan="6">选修课</td><td>第二或第三外语</td><td rowspan="6">≤120</td><td rowspan="6">≤120</td><td rowspan="6">≤120</td><td rowspan="6">≤120</td><td rowspan="6">≤120</td><td rowspan="6">≤120</td><td rowspan="6">≤120</td></tr>
<tr><td>宗教知识</td></tr>
<tr><td>公民学</td></tr>
<tr><td>消费知识</td></tr>
<tr><td>数学</td></tr>
<tr><td>音乐或绘画</td></tr>
</table>

护理科毕业的学生按照不同的专业分支可以进入养老院、社会福利院等机构为老人、儿童、青少年提供照顾和护理服务，也可以申请幼儿教师等高等水平的培训课程。此外，若学生在一、二年级选修英语，也可以获得升入大学的基本资格。

3. 食品加工科

食品加工科在第一学年设置餐饮服务分支和食品生产分支，第二学年餐饮服务分支可选择餐厅服务、大型餐饮、餐饮，食品生产分支可选择烘焙和糕点制作、肉类食品加工、食品加工（表 4－10）。

表 4－10　食品加工科分支专业

<table>
<tr><td>第一学年</td><td colspan="3">餐饮服务分支</td><td colspan="3">食品生产分支</td></tr>
<tr><td>第二学年</td><td>餐厅服务</td><td>大型餐饮</td><td>餐饮</td><td>烘焙和糕点制作</td><td>肉类食品加工</td><td>食品加工</td></tr>
</table>

餐饮服务分支的学生要学习准备和提供膳食和住宿服务，以及对餐厅、酒店的设施设备进行管理和维护等相关内容。餐厅服务的学生侧重

学习提供食物和饮料、餐桌铺设和布置等；大型餐饮的学生侧重学习大规模地烹饪和保存食品、制备宴席等；餐饮的学生则侧重学习各种常见的标准菜肴的制备、储存和菜单选配等。

食品生产分支的学生着重学习各种食品的制造以及食品制造设备的照管。烘焙和糕点制作的学生要掌握手工、机械化制作面包和糕点的方法，并学会对其进行包装、储存、冷藏等；肉类食品加工的学生侧重学习屠宰、腌制、熏煮、保存各种肉类产品的方法；食品加工教学涉及酿造、乳制品和巧克力制作等行业，旨在为学生提供控制和监测高技术食品行业食品生产所需的知识和技能。

从课程设置来看(表 4－11)，“食品工艺”是食品加工科的核心课程。不同分支、变体在其中学习的具体科目既有相同也存在差异，主要根据分支、变体的培养目标而设置，例如在一年级时，两个分支的学生都要学习导入课、食品科学与营养、卫生和经济，而餐饮服务分支还要学习食品生产、服务、住宿等课程，食品生产分支则要学习生产、工效学等课程。从食品加工科毕业的学生可以进入医院、学校、工厂食堂以及各类食品制造和加工业企业就业。

表 4－11　食品加工科课表

<table>
<tr><th colspan="2">科目</th><th>第一学年</th><th>第二学年</th></tr>
<tr><td colspan="2">瑞典语</td><td>160</td><td>—</td></tr>
<tr><td colspan="2">职场指导</td><td>40</td><td>40</td></tr>
<tr><td colspan="2">食品工艺</td><td>1 080</td><td>1 280</td></tr>
<tr><td colspan="2">体育课</td><td>80</td><td>80</td></tr>
<tr><td colspan="2">职业指导</td><td>40</td><td>—</td></tr>
<tr><td rowspan="2">选修课</td><td>英语</td><td rowspan="2">120</td><td rowspan="2">120</td></tr>
<tr><td>第二或第三语言</td></tr>
</table>

（续表）

科目		第一学年	第二学年
选修课	宗教知识	120	120
	心理学		
	公民学		
	消费知识		
	数学		
	音乐或绘画		

4. 服装加工科

服装加工科的学生在第一年的课程相同，在第二年根据个人喜好选择女装分支或男装分支进行深入学习。

第一学年，学生练习手工、机器缝纫以及熨烫的基本技术。在“服装加工”课程中，学生既要学习理论知识也要进行实践。在一般情况下，第一学年每个学生生产 2～4 件不同类型的服装，在第二学年，原则上学生在每个类别中生产 4～6 件服装。学生们要学习设计图案、测量尺寸、计算材料要求等内容，女装分支教学重点在衬衫、连衣裙等服装上，男装分支教学重点则在夹克、运动夹克、裤子、背心等服装上。此外，学生还要组成不同的小组来完成作业任务，目的是培养他们在工作场所团队合作的能力。服装加工科毕业的学生可以进入时装零售、服装制造等行业，也可以继续申请男装或女装的高级裁缝专业课程(表 4－12)。

表 4－12　服装加工科课表

科目	第一学年	第二学年
		女装/男装分支
瑞典语	160	
职场指导	40	40

（续表）

<table>
<tr><th colspan="2" rowspan="2">科目</th><th rowspan="2">第一学年</th><th>第二学年</th></tr>
<tr><th>女装/男装分支</th></tr>
<tr><td rowspan="2">服装加工</td><td>工作技术</td><td>800</td><td>1 000</td></tr>
<tr><td>职业理论</td><td>280</td><td>280</td></tr>
<tr><td colspan="2">体育课</td><td>80</td><td>80</td></tr>
<tr><td colspan="2">职业指导</td><td>40</td><td>—</td></tr>
<tr><td rowspan="7">选修课</td><td>英语</td><td rowspan="7">120</td><td rowspan="7">120</td></tr>
<tr><td>第二或第三语言</td></tr>
<tr><td>心理学</td></tr>
<tr><td>公民学</td></tr>
<tr><td>消费知识</td></tr>
<tr><td>数学</td></tr>
<tr><td>音乐或绘画</td></tr>
</table>

（二）Lpf94 时期（1995—2010 年）

Lpf94 实施之后，部分职业类课程被削减，如“林业科”，同时新增媒体、酒店与餐饮两门职业类课程，调整之后的 15 门职业类课程当中，儿童保育、食品、健康护理、酒店与餐饮 4 门课程与家政相关，其课程内容和分支专业如表 4 - 13。此外，职业课程方案要求至少 15 周时间要在工作场所中进行，相比 Lgy70，职业科学生花费在职场的时间增加。

表 4－13　Lpf94 时期家政相关职业类课程

国家课程	专业必修与选修课	所设分支专业
儿童保育	必修课:工作环境知识、基础计算机科学、基础商业经济学、儿童和娱乐知识、儿童和娱乐教育 选修课:游戏和运动、图书馆活动、文化、障碍和娱乐、游泳、创意戏剧、滑雪、儿童护理、自然和户外娱乐	无分支
食品	必修课:基本工作环境知识、计算机基础、基础商业经济学、贸易销售和服务、卫生用品、食品基础知识、食品技术、材料和机械知识、基本营养 选修课:基本电气安全、商业经济学小企业、基本食物准备冷盘、高级营养学	糕点与烘焙 鱼肉制品制作
健康护理	必修课:基本工作环境知识、计算机基础、基础商业经济学、企业经济学组织与管理、健康、保健知识、基本医学知识、医学知识—人的社会文化、基本保健、心理学、保健的基本社会方面、医疗、护理或牙科护理技术、牙科保健知识	健康护理 牙科护理
酒店与餐饮	必修课:基本工作环境知识、计算机基础、基础商业经济学、酒店知识、基本卫生、基本食品、材料和机械—厨房和等候台、食物准备—基本冷热菜、基本营养、等候台的基本原则 选修课:基本电气安全、商业经济学小企业、酒店—花饰和装饰、食物准备—酒精饮料、食物准备—美食	酒店 餐厅 大型餐饮

随着旅游业和现代家政服务产业的发展,市场对专职化家政人员的需求与日俱增。为适应经济社会发展的要求,家政相关的职业课程计划和分支进行了拆分和重组。以往消费科所代表的“传统家政”领域不再设立单独的专业,仅保留了专注于儿童照料的儿童保育课程,护理、餐饮分支则并入了健康护理、食品课程中,同时食品、护理课程的分支专业也进行了调整,酒店运营与餐饮服务独立成为一门新的课程计划。

对比 Lgy70 时期,家政类课程计划的基础课程和专业课程的内容都进行了更新。计算机基础等基础课程比例增加,强调对学生文化知识基础的培养;基础商业经济学、商业经济学小企业等课程的开设提供了关于投资和企业的知识,为学生提供创业必备的知识。专业课程内容得到了极大的丰富，出现了牙科护理知识、材料和机械知识等更加专业化的家政教育内容。

（三）Gy11 时期（2011 年至今）

Gy11 颁布之后，职业课程缩减为 12 门，其中儿童保育、健康和社会照顾课程计划保持不变，Lpf94 期间的“酒店与餐饮”课程进行了拆分，其酒店运营内容和旅游相关内容组合成为“酒店和旅游”课程，餐厅管理内容和食品加工相关内容组合成为“餐馆管理和食物”课程，具体如表 4－14。

表 4－14　与家政相关国家课程及其分支的课程设置

与家政有关国家课程	分支	分支专业科目	必修科目	专业深化科目
儿童保育	儿童保育和健康	儿童保育与健康服务、儿童保育与运动技能	健康、自然科学、教育学、社会科学、瑞典语（或瑞典语为第二语言）	30 门科目
	教育工作	教育学、教育工作		
	社会工作	社会工作、社会学		
餐馆管理和食物	烘焙和糕点	面包和糕点制作	卫生知识、食品营养知识、餐饮行业知识、服务与接待、瑞典语（或瑞典语为第二语言）	22 门科目
	生鲜食品、熟食和餐饮	销售和客户服务、食品与营养知识、食品和零售、饮食结合、服务和接待		
	厨房和服务	饮食结合、烹饪、服务		
健康和社会照顾	—	—	健康、医药、伦理与人类生活、精神科、心理学、社会科学、瑞典语（或瑞典语作为第二语言）、护理	19 门科目

（续表）

与家政有关国家课程	分支	分支专业科目	必修科目	专业深化科目
酒店和旅游	酒店与会议	会议与活动、前台、服务、楼层服务	活动与主办、英语、创业、会议与活动、前台、旅游产销、服务与响应、瑞典语(或瑞典语为第二语言)	17门科目
	旅游与度假	活动与主办、旅游产销		

儿童保育课程培养学生在教育和儿童保育领域、儿童或保健部门中胜任相应工作的能力。该课程有儿童保育和健康、教育工作、社会工作三个不同的分支方向：儿童保育和健康方向提供儿童保育、保健相关知识和技能，为学生在儿童保育中心和儿童护理行业工作做准备；教育工作方向提供关于儿童和青少年的学习、需求和权利以及教育活动的各种知识，为学生成为学前儿童看护或学校的学生助理等做准备；社会工作方向提供关于社会过程、条件以及社会政策的知识，为学生在残疾保障部门和监护部门等社会福利部门工作做准备。

餐馆管理和食物课程培养学生在餐馆、面包店和食品行业胜任相应工作的能力。该课程有烘焙和糕点，新鲜食品、熟食和餐饮，以及厨房和服务三个不同的分支方向：烘焙和糕点方向主要培养面包师或糕点师傅；新鲜食品、熟食和餐饮方向提供餐食、饮料、餐桌布置等知识，可以培养学生成为饮食制备、糕点销售人员；厨房和服务方向提供餐馆烹饪、酒吧服务等知识，可以培养冷餐厨师和餐厅服务员。

健康和社会照顾课程没有设置分支，主要培养学生在卫生和医疗保健领域或者社会服务领域中胜任相应工作的能力，学生毕业后可以在医院、保健中心等地方工作，也可以提供家庭服务或成为个人助理。

酒店和旅游课程设置酒店与会议、旅游与度假两个分支，培养学生在酒店、旅游等行业中从事组织策划、销售服务等工作的能力。酒店与会议分支的教学重点是在不同酒店部门中为客户提供服务以及计划开展会议活动；旅游与度假分支的教学重点是善用旅游信息，组织、规划和实施不同种类的旅行计划和活动。

除分支专业科目随着课程分支调整而有所改变外，相比 Lpf94 期间，家政类课程计划所设置的必修课程中的计算机基础、基础商业经济学等科目被取消，增加英语、瑞典语、自然科学、社会科学等基础科目的学习要求，更加重视对未来家政从业人员文化素质的培养。为了提升人才培养质量和满足行业需求，除仍然要求职业课程学生至少有 15 周时间要在工作场所外，Gy11 改革还在职业课程中引入了学徒计划，参加学徒计划的学生从开始学徒培训起，至少 50%的时间要在企业中。例如，如果学生决定在第三学年参加学徒计划，在学校职业和培训计划中进行前两年的学习后，第三年学习时间的 50%要在企业进行学习。

从以上三个时期的职业科设置来看，家政类职业课程有两个主要变化：

1. 家政类课程的开设计划不断专业化

随着工业化和城市化进程的持续推进，瑞典社会经济不断发展，人们的物质和精神生活需求不断升级，对社会所提供的家政服务种类、质量也提出了更高的要求，导致家政服务行业内部的社会分工程度越来越高，家政领域中传统家务劳动之外的儿童发展、社会综合服务、餐厅与公共机构管理、酒店运营等内容逐步受到重视。秉承服务于市场需求的原则，瑞典综合高中职业科家政类课程的开设计划也不断专业化，其中最明显的变化有两点：(1) Lgy70 时期设立的“消费科”由于课程内容范围广而不够专业深入，不适应社会发展需求，最终被取缔。(2) “酒店与餐饮”类课程在 Lpf94 初期被引进，开始培养专职于运营、服务和管理的酒店部门人员，到 Gy11 之后，不仅有餐馆管理和食物课程，而且酒店管理与旅游业结合，独立成为一门新的课程计划(表 4－15)。

表 4-15　三个时期职业科中家政类课程计划设置

Lgy70 时期	Lpf94 时期	Gy11 至今
消费科	儿童保育	儿童保育
护理科	健康护理	健康和社会照顾
食品加工科	食品	餐馆管理和食物
服装加工科	酒店与餐饮	酒店和旅游

2. 家政类课程计划的课程内容逐步专业化和现代化

从三个时期的开设计划来看，家政学饮食、护理、儿童保育三大领域基本成为瑞典高中阶段初级职业家政教育内容的主线。随着课程计划的不断专业化，部分家政专业课程内容也进一步拓宽和加深，课程修习的模式也由选修或者专业必修转为课程内必修，如保育托管课程中“健康”“教育”在 Lpf94 期间融合在其他科目当中，而在 Gy11 颁布之后则作为单独课程设置为必修。除此之外，职业科中家政类还注重科学技术教育和人文知识教育，如 Lpf94 时期增加计算机科学作为必修科目，增强学生信息素养，Gy11 时期在必修课程中设立自然科学、社会科学、瑞典语等，以增强学生基本文化素养(表 4-16)。

表 4-16　儿童保育课程计划的必修科目

时期	课程必修科目	分支专业科目
Lpf94	工作环境知识、基础计算机科学、基础商业经济学、儿童和保育知识、儿童和保育教育	无分支
Gy11	健康、自然科学、教育学、社会科学、瑞典语(或瑞典语为第二语言)	儿童保育和健康：儿童保育与健康服务、儿童保育与运动技能； 教育工作：教育学、教育工作实践； 社会工作：社会工作实践、社会学

总体来看，瑞典高中的家政教育课程可划分为职业性和非职业性两类。非职业性家政课程是以提高学生生活自理能力，促进学生学会生存，

构建和谐家庭和社会生活为目的，所有高中生都必须学习，其开设模式有两种：一种是独立开设，即在个人选修课中设立“消费知识”等科目；另一种是渗透模式，即把家政内容整合到“体育与健康”“社会学”等核心课程当中，实现学科教学与家政教育的有机融合。职业性家政课程则是以培养学生的家政服务技能，实现社会就业为目的，以独立课程模式广泛设置于以家政为主线的职业科中，这些课程的内容理论与实践并重，选修与必修结合，致力于为学生提供能够适应社会经济发展和市场要求的各种专业化家政知识和技能，为社会储备懂知识、有技能、高素质的家政从业人员后备力量。在这两类不同家政教育课程同时开设的保障之下，瑞典高中既完成了家政教育从义务教育到高等教育的顺利过渡和衔接，又体现出家政教育的职业培训价值，不断为社会输送家政行业人才。

第五章　瑞典高等教育中的家政教育

瑞典的高等教育有着悠久的历史，甚至可以追溯到 15 世纪，如瑞典最古老的大学乌普萨拉大学（Uppsala University）成立于 1477 年，在当时已经是一所具有现代意义的大学了。虽然瑞典高等教育的历史悠久，但在 20 世纪 50 年代前，瑞典高等教育的规模依然很小，基本还是属于贵族精英教育。全国只有 2 所大学、2 所大学学院以及一些高等专科学校，在校大学生的数量只有一万多人，每年获得学位的人数也只有 3 000 多人。从 20 世纪 50 年代开始瑞典进行高等教育改革，高等教育的规模急剧扩大，全国的大学生人数越来越多，高等教育开始真正实现了面向平民的教育。

瑞典的高等教育具有公有教育体制的特点，无论公立大学还是私立大学都要接受政府的指导，高等学校的经费主要来自国家拨款，即使私立大学的经费也有相当一部分来自政府支持。大学最初的目标是为政府培养公务人员，因此它是一种高度集中型的教育体制，即由高等教育司负责掌管高等教育，政府进行教育资源的分配与大学事务的管理，并对教师的资格和职称进行认定和晋升。因此，瑞典高等教育的改革历程在本质上是从中央集权制到地方分权制的一个发展过程。

一、瑞典高等教育的发展历程与结构

(一) 瑞典高等教育的发展历程

瑞典高等教育改革与发展过程大致可以分为三个阶段：改变阶段(20世纪50—70年代)、巩固阶段(20世纪70—90年代)和转型革新阶段(20世纪90年代以来)。

1. 改变阶段(20世纪50—70年代)

20世纪40年代瑞典每年大学新入学人数只有2 000人左右，在校大学生也只有1万多人，20世纪50年代开始瑞典高等教育有了迅猛发展，办学规模发生了明显的变化。1955年，根据大学委员会的建议瑞典开始推行高等教育改革，改革主要集中在两个方面：一是根据大学的招生人数进行拨款，二是要求大学教师中的讲师必须有博士学位。这样的改革举措促使瑞典大学的办学规模不断扩大，招生人数也急剧增加，到了60年代全国在校的大学生人数已经翻倍(表5-1)。

表5-1　1940—1978年瑞典在校大学生人数

时间	新入学人数	在校大学生总人数
1940—1941	2 000	11 000
1950—1951	3 800	17 000
1960—1961	8 000	37 000
1970—1971	26 000	125 000
1973—1974	20 000	108 000
1977—1978	34 100	150 000

资料来源：Boucher L. Tradition and Change in Swedish Education，1982。

20 世纪 60 年代瑞典高等教育迎来了发展高潮，全国在校大学生的人数出现爆发式增长，到 70 年代，每年大学新入学人数由 60 年代的 8 000 人猛增到 26 000 人，在校大学生也由 60 年代的 3.7 万人猛增到 12.5 万人。与此同时，瑞典高等教育也出现一些新问题：一是学生数量剧增、教师过多等原因使得高等教育占用了大量的教育经费，引发了财政危机；二是高等教育归政府统一管理使得学校的效率低下；三是虽然瑞典高等教育发展迅猛但仍未能满足民众接受高等教育的需要，高等教育还有进一步扩大招生的必要性；四是随着科学技术的发展，瑞典的旧工业化模式正在向新的信息技术模式转变。正是由于瑞典的高等教育出现了诸多问题，不能适应新时期的需求，瑞典开始对高等教育进行改革。

1963 年乌普萨拉大学成立了大学委员会，针对高等教育中存在的问题进行改革，而瑞典政府则在 1968 年成立了一个调查高等教育能力和组织的委员会（U－68），展开了 U－68 改革。U－68 委员会主要由副教育大臣、大学校长、国家教育委员会的退休总干事以及各个政党、教育系统的雇主和雇员的劳动力市场组织的代表人员等组成。U－68 的高等教育改革主要提出了下列建议（Boucher，1982）：所有的教育课程都应当围绕五个职业领域，即技术、管理和经济学、医学和护理服务、教育、文化和信息服务，这些领域将取代传统的基础高等教育，并作为公共资金分配的基础。每个领域都有很多专业，每个专业都由有着规定学分的一系列课程组成。教育项目可以是通用的、地方的或是个体的。每一个体课程并不需要与职业有明确的相关性，但构成课程的所有课程组合应为将来的职业做好准备。通用项目需要符合国家模式，而地方与个人项目可以满足本地和个人的需求。所有课程的入学应当有选择性，应当采取积极的措施来促进回归教育，这些措施包括：提供更好的指导、给予成人更多的奖学金、分散学习地点、将工作经验算学分等。由每个领域和每个分类来决定每年的总招生数量。全国分为六个地区，每个地区中都包括一个已有的大学区：乌普萨拉、斯德哥尔摩、隆德-马尔默、哥德堡、于默奥和林雪平。每个区域都将开展与五个职业领域有关的教育课程，而这些大区域还可以被细分为 19 个小区域。所有高等教育都将由新的大学办公室进行集中管理，并在每个领域成立一个以公共利益为主的占多数的高等教育委员会。

除上述建议外，U－68 改革对于入学资格进行了改变，并继续扩大招生人数，使不同社会阶层的学生在入学机会方面实现平等，在接受高等教育方面享有平等的机会。U－68 改革提出高等教育的原则在于回归教育，因此高等教育要注重成人教育和继续教育。不仅如此，U－68 改革还重视职业教育，在高校课程设置中除了通识教育，还注意向职业化与综合化发展。U－68 改革是瑞典高等教育史上一次有着重要意义的改革，这次改革在实现教育公平与重视职业教育方面都取得了明显的成果。

2. 巩固阶段(20 世纪 70—90 年代)

20 世纪 70 年代瑞典高等教育平稳向前发展，在 1977 年高等教育再次迎来了一次影响深远的改革。U－68 委员会经过长达五年的调查，提出了一份研究报告，并于 1975 年递交议会。1977 年瑞典议会决定进行新的高等教育改革，并通过了高等教育法令，即 H－77 改革。H－77 改革的主要内容包括：将各种类型的高中后教育组成一个单一的、连贯的体制，下放决策权，扩大高等院校的招生范围，结合各地不同的条件更好地设立教育计划，提供回归教育的机会，采取措施加强高中后教育与研究活动的联系，使教育与社会其他领域更密切合作(顾耀明 等，1994)。H－77 改革的主要目标在于教育的公平分配与质量均等，因此在教育管理方面实行了国家对全国一般大学和专业学院的统一管理，即大学的学制、课程设置、经费以及教学目标都由国家决定，特别是大学经费仍然由政府控制，并且这种单一化的拨款制度更为加强。H－77改革在课程设置方面延续了U－68改革的建议，将课程设置从文化性转向实用性。瑞典的大学课程被划分为五个领域：科学技术、管理和经济学与社会工作、医学、教育、文化和信息服务。在学生入学资格方面，H－77改革增加了“25∶4”的规则，即满25岁且有4年工作经验的年轻人，只要拥有等同于高中程度的英语和瑞典语的资格证书就可以获得入学的基本资格。在权力下放方面，H－77改革开始了分权化，即将权力从国家下放到地方，更进一步将权力还给高校。在中间机构方面，H－77改革新成立了由非学术教职人员、教师、学生代表等组成的大学董事会(UHA)，以此取代过去由政府任命的大学校长理事会(UKA)。1977年，瑞典重组高等教育部门，师范培训、新闻、护理等各种类型的高中后教育培训机构、艺术学院等都被纳入大学系统，进一步扩大了招生范围。

20世纪70年代中期到80年代，瑞典的大学生数量变化不大，高等教育发展平稳，而到了80年代后期，大学生数量又急剧增长。但此时的瑞典高等教育面临着诸多问题：首先，由于瑞典高等教育较为偏向研究，本科教育经费不足，缺少合格教师；其次，在瑞典高等教育中，研究与教学分属不同部门，教授主要工作在于研究，只有讲师从事教学，使得高等教育质量难以得到保证，大学教学质量不能够使人满意。为改善这一情况，瑞典教育部成立了由校长、教师与学生代表组成的U－89委员会，对如何提高大学教学质量提出了相关建议，主要表现在教育学与教学方法论的训练、调整认知能力测验、新测验的实验、课程评价、外部测验等方面，并成立了大学本科教育委员会(甘永涛，2007)。

3. 转型革新阶段(20世纪90年代以来)

20世纪90年代瑞典的高等教育进入了一个新的发展高潮期，开始了从大众化到普及化的转变，高等教育规模出现了扩张的趋势。到了

1997年，瑞典的在校大学生人数已经比80年代增加了一倍，总数大约有300 380人，其中研究生为16 550人(陈娜，2008)。

皮·安克尔(Per Unckel，1948—2011)是瑞典的一位保守派政治家，他从1991年到1994年出任瑞典教育大臣，负责瑞典教育体系的改革。20世纪90年代初期，安克尔在质量、学术自治与能力等方面对高等教育提出了改革建议，1993年瑞典出台新的高等教育法，进而推动了瑞典高等教育的H-93改革。H-93改革首先在教育管理权力方面进一步采取分权化的措施，给予高等院校在学习组织、招生、资源使用以及一般组织等方面更多的自主权。H-93改革减少了政府对大学的控制，高等院校的双重领导制被取消了，大学理事会是大学的最高机构，而校长是大学的最高领导。H-93改革还在拨款制度方面进行了革新，除了政府拨款，大学还可以从其他途径如基金会或企业资助获得经费。H-93还取消了高校招生人数的限制，招生名额的数量由各个高校自行决定。总体来看，H-93改革使政府对高校管理模式从控制转向督导，实现了管理权力的下放和转移，政府主要转向对大学进行宏观管理。1995年瑞典成立了国家高等教育署(the National Agency for Higher Education)，主要负责对高等教育的信息调查与研究、质量评估与国际合作。这一中间机构的成立进一步体现了瑞典政府在高等教育改革中管理模式的转变与权力的下放。国家高等教育署共有七个部门:分析与研究部、学术发展部、评估检查部、信息部、国际部、法律部以及办公室。国家高教署的主要任务包括对高等教育质量和大学进行系统评估，制定高校招生的录取标准，收集和整理高等教育方面的相关数据，向国家提供教育改革的研究报告，管理高等教育的国际交流情况等。高教署的决策机构是一个由政府委派专家和大学代表组成的11人委员会。

20世纪末，欧洲各国兴起了一场对高等教育进行改革的运动，其目的是“通过政府间的合作倡议，整合欧洲高等教育体制与高等教育资源，推动欧洲内部学生与学者的流动”(徐辉，2010)，从而实现欧洲高等教育的一体化。1997 年 4 月，欧洲理事会和联合国教科文组织在葡萄牙首都里斯本召开会议并通过了里斯本公约，即《欧洲地区高等教育资格承认公约》，为后来的《博洛尼亚宣言》奠定了基础。1999 年 6 月，欧洲 29 个国家的教育部长在意大利的博洛尼亚举行会议，共同探讨 2010 年建成欧洲高等教育区并完善欧洲共同的高等教育体系等问题，并签署《博洛尼亚宣言》(*Bologna Declaration*)，标志着欧洲高等教育一体化进程的开始，后来参与国由原来的 29 个国家增加到了 47 个国家。《博洛尼亚宣言》包括如下主要内容：第一，在欧洲不同国家的公立大学中建立一个统一的高等教育体系，即建立一个以本硕博制度为基础的可比较的三级学位体系，并建立欧洲学分转换系统(ECTS)和实现学分互认，以打破不同欧洲国家之间高等教育的壁垒；第二，设立伊拉斯谟学生互动项目与苏格拉底教师互动项目来加强欧洲各国之间的学者与学生在欧洲各个公立大学之间的学术交换与流动；第三，促进欧洲各国的高等教育合作，提高欧洲各国大学的教育质量以及人才的学术培养水平，从而使欧洲的高等教育在国际上提高竞争力与吸引力；第四，在高等教育中加强欧洲文化与知识等内容，体现欧洲的维度；第五，在 2010 年建立一个欧洲高等教育区，实现欧洲高等教育一体化，并提高整个欧洲的教育竞争力；第六，建立欧洲高等教育质量保障体系，由欧洲高等教育质量协会(ENQA)制定了《欧洲高等教育区质量保障标准与指南》(ESG)①(徐辉，2010)。

“博洛尼亚进程”(Bologna Process)有力地推动了欧洲各国的高等教

① 《欧洲高等教育质量保障标准与指南》主要包括质量保障体系，专业设置与审批，以学生为中心的学习、教学与评价，学生入学、成长及毕业，师资队伍，学习资源和学生支持，信息管理，公共信息，持续质量监控和定期审核，周期性外部质量保障，共十项保障标准。

育改革，瑞典作为1999年签署《博洛尼亚宣言》的29个欧洲国家之一，也开始了新一轮高等教育改革。2000年，瑞典成立了非正式的国家博洛尼亚宣言实施小组，2002年瑞典又成立了特别工作小组就高等教育机构的学位授予进行讨论（杨建华 等，2007）。为了进一步实现“博洛尼亚进程”的目标，瑞典采取了一系列的改革措施。首先，为了促进学生和教师的国际交流以及扩大留学生规模，2005年瑞典进行了学制结构的改革，将原来的二级学位制改成了学士、硕士和博士三级学位制，并采用了欧洲学分制，改革在2007年正式实行，这使得瑞典的高等教育体系能够与欧洲其他国家的教育体系对等，适应欧洲的标准。其次，为了响应“博洛尼亚进程”，瑞典高等教育进一步将政府的管理权力下放到大学，如课程设置、教授的评定与聘用等都由高校董事会来决定，进一步推动高等教育质量的提升。再次，瑞典建立并规范了质量保障体系，并向欧洲高等教育质量保障协会递交了认证申请（李旭东 等，2008）。从20世纪90年代开始瑞典的高等教育评估前后经历了五次，这五次评估都由瑞典国家高等教育署来主持。2011年之后，瑞典国家高等教育署采用了新的质量保证机制，即由高等教育署、高校自身、学生以及其他相关人员等多方参与来考察高校的专业是否达到了标准。实施“博洛尼亚进程”后，瑞典国家高等教育署强调质量保障体系与国际接轨，遵循欧洲高等教育品质保证标准与准则。最后，为实现“博洛尼亚进程”的目标，瑞典致力于高等教育国际化建设，不仅设立了全国统一的招生网站，面向国际发布瑞典高校招生信息以及教育政策，还在研究生阶段采用英语授课，致使瑞典的国际学生人数逐年增加。作为博洛尼亚成员国的瑞典，其高等教育紧密围绕着“博洛尼亚进程”进行改革，这些改革都与欧洲高等教育一体化有着密切的联系，对于瑞典的高等教育体系产生了深远的影响。

(二) 瑞典高等教育的学位结构

总体来看,瑞典高等教育可以划分为三个不同的阶段,学位类型可以分为高等教育文凭、学士学位、硕士学位、副博士学位以及博士学位等[①],学制相对灵活,并可以前后相互衔接。第一阶段是大学阶段,包括大专毕业证书(Högskoleexame)与学士学位(Kandidatexamen)两种,其中大专毕业证书需要 120 学分,而学士学位则需要 180 学分。第二阶段为硕士阶段,通过一至二年的全日制学习获得硕士学位(Magistersexamen/Masterexamen),其中一年制的硕士学位需要 60 学分,而二年制的硕士学位需要 120 学分。第三阶段是博士阶段,经过两年的全日制学习可以获得副博士学位(Licentiatexamen),而博士学位(Doktorsexamen)则需要在四年后才能获得,其中副博士学位需要 120 学分,而博士学位则需要 240 学分。除上述这些学位以外,瑞典的高等教育中还有根据社会行业需要而推出的职业学位(Yrkesexamen),可以分为美术、应用与表演艺术学位资格与专业学位资格,涵盖医学、法律、工程学、社会科学、农学、美学、艺术以及教育学等近 60 类。职业学位的学制主要根据职业的需求来设定,因此期限并不固定,学制根据专业不同可以是 3～5 年不等。瑞典的高等教育学位结构见表 5 - 2。

---

① 瑞典的大学学制分为本科、硕士和博士三个阶段。在本科教育阶段,学生通常可以通过三年的全日制学习获取学士学位(部分专业如医学、法学的学制则长于三年)。硕士教育阶段则分为一年和两年制,已取得学士学位的学生通过一年或二年的全日制专科学习获得相应的一年制或两年制硕士学位。博士教育阶段则分为经过两年的全日制学习后获得副博士学位(Licentiatexamen)和通过至少四年学习获得的博士学位(Doktorsexamen)。

表 5－2　瑞典高等教育学位结构

<table>
<tr><th>层级</th><th>学位类别</th><th>学位名称</th><th>所需学分</th><th>学制</th></tr>
<tr><td rowspan="4">第三等级</td><td rowspan="2">一般性学位</td><td>博士学位</td><td>240</td><td>4 年</td></tr>
<tr><td>副博士学位</td><td>120</td><td>2 年</td></tr>
<tr><td rowspan="2">美术、应用与表演艺术学位</td><td>博士学位</td><td>240</td><td>4 年</td></tr>
<tr><td>副博士学位</td><td>120</td><td>2 年</td></tr>
<tr><td rowspan="5">第二等级</td><td rowspan="2">一般性学位</td><td>一年制硕士学位</td><td>60</td><td>1 年</td></tr>
<tr><td>二年制硕士学位</td><td>120</td><td>2 年</td></tr>
<tr><td rowspan="2">美术、应用与表演艺术硕士学位资格</td><td>一年制艺术硕士学位</td><td>60</td><td>1 年</td></tr>
<tr><td>二年制艺术硕士学位</td><td>120</td><td>1 年</td></tr>
<tr><td>专业硕士学位资格</td><td>专业硕士</td><td>90～330</td><td>1～2 年</td></tr>
<tr><td rowspan="6">第一等级</td><td rowspan="2">一般性学位资格</td><td>大专毕业证书</td><td>120</td><td>3 年</td></tr>
<tr><td>学士学位</td><td>180</td><td>3 年</td></tr>
<tr><td rowspan="2">美术、应用与表演艺术学位资格</td><td>大专毕业证书</td><td>120</td><td>3 年</td></tr>
<tr><td>学士学位</td><td>180</td><td>3 年</td></tr>
<tr><td rowspan="2">专业学位资格</td><td>大专毕业证书</td><td>120</td><td>3 年</td></tr>
<tr><td>学士学位</td><td>180</td><td>3 年</td></tr>
</table>

资料来源：孟毓焕. 博洛尼亚进程下的瑞典高等教育，2017。

瑞典的高等学校可以分为大学、大学学院（University College）、其他学院、艺术学院以及其他高等教育机构等五类。目前瑞典有 52 所高等教育机构，其中绝大多数是公立院校，包括 13 所公立大学和 20 所公立大学学院。其他高等教育机构按国家学历资格要求获准颁发学历资格证书（朱玠，2012）。瑞典的高等学校可以分为公立和私立两种性质，公立大学的经费主要来自公共财政的教育科研经费，而私立大学的经费除了来自私人基金，同样得到政府财政经费的支持。显然瑞典的高等教育经费依然在很大程度上属于政府经费投入体制，而这种体制主要根据学生的学分来进行拨款。除了政府拨款，瑞典高校的科研经费主要来自企业的捐赠性资助与合同性拨款。

二、瑞典高等教育中的家政教育

今天家政学科在瑞典被称为家庭与消费者知识(Home and Consumer Studies),它是一个多维度的学科,主要包括三个领域:饮食、营养与健康、消费和经济。瑞典的家政教育注重理论结合实践,与健康、营养、经济与消费者权利这些日常生活条件紧密相关,而且特别关注食品知识。瑞典高等教育中的家政专业主要以培养中小学"家庭与消费者知识"课程的教师为主。本节以乌普萨拉大学和哥德堡大学为例,对瑞典高等教育中对家政教师的培养进行讨论。

(一) 乌普萨拉大学的家政教育

乌普萨拉大学作为北欧的第一所大学,创建于1477年,迄今已有500多年的历史,是欧洲和瑞典的顶级大学之一,常年跻身世界百强大学之列,有"北欧剑桥"之美誉。乌普萨拉大学早在1895年就开设了家政学校,对家政学的教师进行相关的专业知识培训;1892年,乌普萨拉大学成立实验学校,即乌普萨拉私立学院(Uppsala Private School),其中的厨房学校教授家政相关知识;1895年乌普萨拉私立学院的厨房学校成为独立的家庭经济职业学校(Vocational School for Household Economics);1961年,家庭经济职业学校由政府接管,更名为家政教育学院(College for Household Education)。在1977年的高等教育改革中,家政教育学院又被纳入乌普萨拉大学,成为乌普萨拉大学的一个院系,全称是儿童保育、管家、家政及纺织教师教育系(Department for the Education of Childcare Teachers, House Stewards, Home Economics Teachers, and Textile Teachers,简称BEHT)。从这一名称可以看出，该系的教育内容基本涵盖了家政中的儿童保育、管家、家政以及食品知识等各方面的知识。

目前乌普萨拉大学的儿童保育、管家、家政及纺织教师教育系改成食品科学、营养与膳食学系(Department of Food Studies, Nutrition and Dietetics)，隶属于社会科学学院(Faculty of Social Sciences)，主要是学习食品研究、营养学以及培养义务制教育和高中教育中的家政教师。不同时期食品科学、营养与膳食学系的课程设置见表 5-3。

表 5-3　食品科学、营养与膳食学系的课程设置

<table>
<tr><th colspan="2">时间</th><th>主要课程</th></tr>
<tr><td rowspan="2">2007</td><td>春季</td><td>家庭与消费者科学(C)，食品科学与营养，食品科学，食品社会学与膳食评估，食品技术，实验食品和感官评估，基础感官评估，食品服务管理(1,2)，临床营养学，纺织工艺(1,2,3)，糖尿病、肾脏疾病、血液疾病、关节炎、癌症(C)</td></tr>
<tr><td>秋季</td><td>食品科学与营养(A)，食品科学，基础营养学，临床营养学，食品服务与食谱规划</td></tr>
<tr><td rowspan="2">2008</td><td>春季</td><td>食品科学与营养(A)，食品科学，临床营养学，营养学(B)，食品社会学与膳食评估，食品技术，实验食品和感官评估，基础感官评估，食品服务管理(1,2)，家庭与消费者科学(C)，食品与营养(C)：食品与营养社会学，糖尿病、肾脏疾病、血液疾病、关节炎、癌症(C2)</td></tr>
<tr><td>秋季</td><td>食品科学，基础营养学，临床营养学，食品科学与营养(A)，食品服务与食谱规划</td></tr>
<tr><td rowspan="2">2009</td><td>春季</td><td>食品服务管理(1)，食品科学，临床营养学，食品科学与营养(A)，营养学(B)，肾脏疾病、血液疾病、关节炎、癌症(C2)，饮食与公共健康，营养学(B)，家庭与消费者科学(C)，食品科学与营养(C)：食品与营养社会学，食品服务管理(2)，食品与营养(C)：研究方法</td></tr>
<tr><td>秋季</td><td>食品科学，食品服务实践安排，食品科学与营养(A)，营养学实践安排</td></tr>
<tr><td rowspan="2">2010</td><td>春季</td><td>食品科学，营养学实践安排，食品科学与营养(A)，营养学与临床营养学：糖尿病与肾脏疾病</td></tr>
<tr><td>秋季</td><td>食品科学，感官评估技术与产品发展，食品服务实践安排，食品科学与营养(A)，高级感官评估技术，高级感官评估与产品发展，营养学实践安排</td></tr>
</table>

(续表)

时间		主要课程
2011	春季	食品科学,食品科学与营养(A),营养学与临床营养学:糖尿病与肾脏疾病、饮食与公共健康,食品与营养(C):食品与营养社会学,家政与消费者科学(C),食品服务与食品生产,食品与营养(C):研究方法
	秋季	食品科学,感官评估技术与产品发展,食品服务实践安排,高级感官评估技术,高级感官评估技术与产品发展,营养学实践安排
2017	春季	食品科学,营养学与临床营养学:重疾病,食品与社会的当代视角:文化、迁移与健康,食品科学与营养(A),食品服务,营养学与临床营养学:糖尿病与肾脏疾病,食品与饮食:从幼儿到成人,饮食与公共健康,食品与营养(C):食品与营养社会学,食品与营养(C):研究方法,食品服务与食品生产
	秋季	感官评估技术与产品发展,食品服务实践安排,食品科学与营养(A),高级感官评估技术,高级感官评估技术与产品发展,营养学与临床营养学(1):儿科与老年病学,食品、健康与传播,循证营养学:如何审查、评估与应用营养研究结果,营养学实践安排,基础营养学,食品科学,7～9 年级教师的家庭与消费者知识
2018	春季	食品研究,营养学与临床营养学:重疾病,食品与社会的当代视角:文化、迁移与健康,食品科学与营养(A),食品服务,营养学与临床营养学:糖尿病与肾脏疾病,食品与饮食:从幼儿到成人,饮食与公共健康,食品与营养(C):食品与营养社会学,食品与营养(C):研究方法
	秋季	感官评估技术与产品发展,食品服务实践安排,食品科学与营养(A),高级感官评估技术,高级感官评估技术与产品发展,营养学与临床营养学(1):儿科与老年病学,食品、健康与传播,义务教育学校教师的家庭与消费者知识(1),循证营养:如何审查、评估和应用营养研究结果,营养学实践安排,基础营养学,食品科学,食品科学与营养(A),7～9 年级教师的家庭与消费者知识
2019	春季	食品研究,营养与营养学(B):食品科学,营养学与临床营养学:重疾病,食品与社会的当代视角:文化、迁移与健康,食品服务,儿童食品与饮食:生物学和社会视角,营养学与临床营养学(2):糖尿病与肾脏疾病,饮食与公共健康,义务教育学校教师的家庭与消费者知识(2),食品与营养(C):食品与营养社会学,义务教育学校教师的家庭与消费者知识(3),食品与营养(C):研究方法
	秋季	感官评估技术与产品发展,食品服务实践安排,高级感官评估技术,高级感官评估技术与产品发展,营养学与临床营养学(1):儿科与老年病学,食品、健康与传播,义务教育学校教师的家庭与消费者知识(1),循证营养学:如何审查、评估与应用营养研究结果,营养研究,营养学实践安排,基础营养学,食品科学

（续表）

时间		主要课程
2020	春季	食品研究，营养与营养学(B)：食品科学，营养学与临床营养学：重疾病，食品与社会的当代视角：文化、迁移与健康，食品科学与营养(A)，食品服务，儿童食品与饮食：生物学和社会学视角，营养学与临床营养学(2)：糖尿病与肾脏疾病，饮食与公共健康，义务教育学校教师的家庭与消费者知识(3)，食品与营养(C)：食品与营养社会学，义务教育学校教师的家庭与消费者知识(2)，食品与营养(C)：研究方法
	秋季	感官评估技术与产品发展，食品服务实践安排，高级感官评估技术，高级感官评估技术与产品发展，营养学与临床营养学(1)：儿科与老年病学，义务教育学校教师的家庭与消费者知识(1)，食品、健康与传播，营养学实践安排，基础营养学，食品科学
2021	春季	义务制学校教师的家庭与消费者知识(2)，营养学与临床营养学(3)：重疾病，食品与社会的当代视角：文化、迁移与健康，食品研究，营养与营养学(A)：营养，食品服务，儿童食品与饮食：生物学与社会学视角，营养学与临床营养学(2)：糖尿病与肾脏疾病，食品研究，营养与营养学(B)：食品科学，饮食与公共健康，义务教育学校教师的家庭与消费者知识(3)，食品与营养(C)：食品与营养社会学，食品与营养(C)：研究方法，家庭与消费者科学(C)
	秋季	感官评估技术与产品发展，食品服务实践安排，食品研究，营养与营养学(A)：营养，义务制学校教师的家庭与消费者知识(1)，食品，市场与领导力(1)，感官评估技术与产品发展，营养学与临床营养学(1)：儿科与老年病学，实践安排学习中的实习指导员基础教育，食品、健康与传播，循证营养：如何审查、评估和应用营养研究结果，营养学实践安排，基础营养学，食品科学，7～9年级教师的家庭与消费者知识

资料来源：https://www.ikv.uu.se/education/courses-basic-and-advanced-level/。

从食品科学、营养与膳食学系的课程设置来看，其核心内容大致包括三个方面：食品、营养以及家庭与消费者知识。

2010年以前的课程设置中，食品类的课程主要包括“食品科学”“食品社会学与膳食评估”“食品技术”“实验食品和感官评估”“基础感官评估”“食品服务管理(1,2)”“食品服务与食谱规划”等。这些食品类课程内容丰富，如“食品科学”研究食品卫生微生物学、感官分析、原材料知识、烹饪方法以及膳食准备和饮食计划；“食品社会学与膳食评估”则深入了解人类饮食习惯，各种影响因素及其影响方式以及饮食研究方法；“食品技术”

与“实验食品和感官评估”的重点在于了解感官分析技术，如科学方法、食品生产技术和微生物方法，深入评估应用技术与最终产品的化学、感官和卫生变化之间的关系；“基础感官评估”则关注基于感觉器官的解剖学和生理学以及基本的味觉和嗅觉，探索我们的味觉体验，关于味觉的知识，以及如何进行感官测试；“食品服务管理”则旨在深化餐饮服务领域的知识，主要包括场地和设备、采购和管理、员工和客人三个要素；“食品服务与食谱规划”则重点深入了解饮食计划、生产流程、服务和分配系统以及膳食环境，“食品服务”中的实践安排为期八周的学习，前两周主要学习工作环境问题、组织心理学和领导力以及管理角色，后六周将在餐馆企业进行实习培训，将所学的理论知识在实践中进行应用。

研究营养的课程包括“基础营养学”“临床营养学”“饮食与公共健康”以及“营养学实践安排”。“基础营养学”旨在为深化饮食和营养治疗中的营养知识和饮食建议提供先决条件，普及关于常见公共疾病的知识，胃肠道疾病的饮食和营养治疗，并探讨营养师的职业及工作内涵。该课程还加深有关营养状况评估的知识，并发展有关衰老和衰老疾病以及儿童营养学的病理学和营养学知识。“临床营养学”则深入了解各种形式疾病的病理学、饮食与营养治疗的知识。“饮食与公共健康”课程介绍了常见的公共疾病、食物过敏和身体运动相关的营养学和营养学知识和技能，并提供了饮食建议和饮食计划所需的理论知识和实践技能。“营养学实践安排”则是通过在职培训，让学生接受营养师专业角色的培训，参与营养师的活动，以及在有执照的营养师的监督下，与患者会面并进行营养治疗。

另外一部分课程则是将食品与营养学结合起来的跨学科课程，如“食品科学与营养(A)”“食品科学与营养(C)：食品与营养社会学”“食品与营养(C)：研究方法”等。“食品科学与营养(A)”首先介绍化学、生理学和解剖学来作为生物化学和营养学的基础，对不同营养素的化学结构、发生、功能、消化、吸收和代谢进行讲授，并讨论国家和全球的营养和饮食建议。

“食品科学与营养(C)：食品与营养社会学”涉及人文和社会科学中如何描述和解释人们的食物和饮食习惯的科学理论和观点，它包括食物消费和饮食习惯如何在生命周期中以及与家庭结构中发生变化，饮食习惯和不同文化中的饮食习惯。“食品与营养(C)：研究方法”课程主要提供营养学领域常用的定性和定量方法，指导学生学习定性和定量设计、数据收集方法和分析以及统计练习。除此之外，还有一些关于营养与疾病的课程，如“糖尿病”课程旨在教授有关糖尿病病理学、饮食和营养治疗的知识，而“肾脏疾病、血液疾病、关节炎、癌症(C2)”课程旨在让学生了解病理学知识，培养其通过调节饮食和营养治疗肾脏、关节和血液疾病以及癌症的能力。

直接关于家政的课程主要是“家庭与消费者科学(C)”，该课程旨在加深学生对消费者的选择和行为如何影响个人和社会的了解，处理生命周期中食物消费和饮食习惯的变化与家庭结构的关系。

从课程设置来看，2010 年以后家政教师培养的课程出现了一些新的调整，营养学、临床营养学以及疾病研究被综合在一起，开设了“营养学与临床营养学(1)：儿科学与老年病学”“营养学与临床营养学(2)：糖尿病与肾脏疾病”“营养学与临床营养学(3)：重疾病”等三门系列课程。“营养学与临床营养学(1)：儿科与老年病学”主要提供了儿童营养学和老年病学的病理学、饮食和营养治疗知识。“营养学与临床营养学(2)：糖尿病与肾脏疾病”则介绍了各种形式的糖尿病、肾脏疾病和透析治疗的病理学以及饮食和营养治疗的知识，强调并讨论了饮食和营养建议在糖尿病和肾脏疾病中的理论背景以及实际应用。“营养学与临床营养学(3)：重疾病”课程则提供有关胃肠道、胰腺和肝脏疾病以及癌症、关节疾病、血液疾病和其他严重疾病如败血症、外伤、烧伤和手术等的饮食和营养治疗的知识，以及治疗这些严重疾病状态下饮食和营养建议的理论知识和实际应用。

食品研究则从社会、文化、市场以及传播等不同的维度增加了“食品与社会的当代视角：文化、迁移与健康”“食品、市场与领导力(1)”“食品、健康与传播”以及“儿童食品与饮食:生物学与社会学视角”等课程。“食品与社会的当代视角:文化、迁移与健康”课程着重讨论食物与社会之间的相互联系,特别关注文化、移民和健康,了解食物的社会影响、食物行为和模式以及它们如何与文化互动,通过公共卫生、社会科学和人文学科的视角去了解不同层次的食品决策动态以及文化、移民和食品环境的影响。“食品、市场与领导力(1)”课程的重点在于如何根据不同目标群体的需求和愿望来规划、生产和供应家庭以外的更大规模的食物,而领导力的重要性、采购程序和公共餐饮市场结构也是课程的重要部分。“食品、健康与传播”课程讨论了与饮食建议、营养建议和健康声明相关的不同沟通方法,以及处理沟通过程中的不同步骤、信息来源、信息障碍和弱势群体。“儿童食品与饮食:从生物学与社会学视角”讨论儿童与食物在家庭、学前班和学校的不同接触点,从社会科学和自然科学视角研究儿童从童年到青春期饮食的主题。

营养学研究则增加了“循证营养学:如何审查、评估与应用营养研究结果”课程。该课程涉及开展饮食研究所需的知识和技能,讨论了基于证据的饮食建议、基于证据的饮食和营养治疗决策以及食品的健康指南和例行程序以及营养流行病与研究审查中的统计数据和实验设计。

关于家政的课程则被细化为“义务教育学校教师的家庭与消费者知识(1)”“义务教育学校教师的家庭与消费者知识(2)”以及“7～9 年级教师的家庭与消费者知识”等不同课程。“义务教育学校教师的家庭与消费者知识(1)”主要包括基本营养学和食品科学,关注儿童和年轻人的营养需求与食物选择,探讨了烹饪和烘焙,还包括消费选择,消费对个人、家庭和外部世界的影响,消费者保护以及家庭洗涤和清洁。“义务教育学校教师的家庭与消费者知识(2)”课程是一门延续课程,它深化了家庭与消费者知识的主题,涉及食物对气候的影响、食物中不良物质的后果和食物过敏,不同文化和社会环境对食物和膳食的影响以及与食物相关的儿童和年轻人的健康。“7～9

年级教师的家庭与消费者知识”课程则旨在培养学习者在7～9年级掌握家庭与消费者知识的理论和实践技能，具体包括“家庭与消费者知识介绍”“营养与食品科学1”“烹饪方法和卫生”“膳食流程1”“消费者经济学知识”“营养与食品科学2”以及“膳食流程2”等七个部分。

从乌普萨拉大学的食品科学、营养与膳食学系的课表可以看出，瑞典在21世纪的家政教育中非常重视食品的研究，从大学中面向未来家政教师所开设的课程主要围绕食品与营养学而展开，家政教育重点在于培养学生在环境、经济和健康方面做出正确选择的能力，注重理论结合实践，与健康、营养、经济与消费者权利这些方面紧密相连，并特别关注食品的生产、加工与公共健康，掌握有关食品、营养与烹饪等相关知识。瑞典大学中家政教师的培养之所以特别重视食品方向主要原因在于：首先，就瑞典的公共健康而言，瑞典儿童在近20年超重或是肥胖人员中所占的比例都大幅度增长，很多瑞典的学生都有肥胖或超重问题，如在2008年，大约有3%的瑞典学生有肥胖问题，而18%的学生超重（Lindblom et al.，2013）。其次，瑞典在教育改革后非常重视可持续发展教育。2002年12月联合国宣布将2005—2014年称为“可持续发展教育的十年”，并呼吁世界各国应当将可持续发展纳入正规教育中，对此瑞典做出了积极的响应，体现在家政教育中就是提倡可持续的食物消费，即食品在数量和质量上应该是安全和健康的，最大限度地减少浪费和污染，同时不损害他人的需要。儿童和青年是塑造可持续未来的关键行动者，而教师则是向年轻一代传授这方面知识的促进者。在这一意义上，家政教师培养的方向明显将重点放在了食品与营养的研究之上。

除了社会科学学院的食品科学、营养与膳食学系外，乌普萨拉大学的家政教育还包括经济系（Department of Economics）的家庭经济研究，主要开设的课程有“微观经济学：个体、公司和市场”（Microeconomics: Individuals, Firms and Markets）与“微观经济学与应用”（Microeconomics and

Applications)。“微观经济学:个体、公司和市场”课程除了说明现代微观经济学的基本问题,还深入讨论了消费者和生产者之间的相互作用如何决定自由市场中的价格、生产和消费,以及市场中的价格形成形式垄断、垄断竞争和寡头垄断,并将消费理论应用于不同类型的个人决策,详细讨论了将人视为利益的理性最大化者的观点,以及消费理论与行为经济学之间的关系。此外该课程还以现实为例,分析了日常经济中的一些问题:什么时候储蓄或借钱是合理的?什么时候通过购买保险来规避风险是合理的?房屋价格是如何确定的?教育是一项好的投资吗?“微观经济学与应用”课程则在讨论了市场经济中的基本要素以及消费和生产理论之后,重点研究了消费者如何选择其消费,以图形和数学来说明消费理论如何解释消费者的决定,并以此分析不同类型的消费者。

教育科学学院所属的教育系开设的儿童和青少年科学(Child and Adolescent Science)方向课程则主要涉及儿童保育和教育研究,主要课程见表 5 - 4。

表 5 - 4 儿童和青少年科学课程设置

课程	课程内容
儿童和青少年成长历史	从历史角度关注童年和青春期的生活状况、儿童和青少年的脆弱性
儿童和青少年科学	儿童和青少年的活动与成长、社会化和认同、儿童和青少年研究的科学研究设计
儿童和青少年科学的核心理论和观点	比较研究儿童和青少年科学的核心理论和观点
儿童不平等的地域	介绍儿童地理。从地理空间结构的视角关注儿童在家庭、学校和住宅区的不同生活体验
多元社会中青少年的身份形成	介绍青少年在种族身份认同以及种族化和文化形成过程中的不同策略和特定问题

资料来源:https://www.uu.se/utbildning/utbildningar/#?subjects=_Barn-%5Csoch%5Csungdomsvetenskap_。

儿童和青少年科学方向的课程模块主要包括“儿童和青少年成长历史”“儿童和青少年科学”“儿童和青少年科学的核心理论和观点”“儿童不平等的地域”以及“多元社会中青少年的身份形成”等五门主要课程。“儿童和青少年成长历史”课程主要深入介绍了历史上儿童和青少年的生活状况，以及对童年和青春期的看法的变化，让学生了解历史发展如何促成这些变化，熟悉社会的变化如何改变儿童和年轻人的生活条件，并特别关注儿童和年轻人的脆弱性问题。“儿童和青少年科学”课程旨在让学生获得有关儿童和青少年科学不同理论观点、研究传统、关键概念和主题的基础知识，从而能够了解儿童和青少年观念的变化、儿童和青少年的成长与制度化、儿童和青少年的社会化和认同过程，以及儿童和青少年科学研究和定性方法。“儿童和青少年科学的核心理论和观点”课程重点关注儿童和青少年的活动与成长、生活条件、社会化和身份、儿童和青少年的文化和新媒体以及城市与乡村生活的不同内涵等问题，并分析这些主题在不同历史、地理和社会背景下出现的特征。“儿童不平等的地域”课程是一门儿童青少年科学与地理学科交叉的课程，特别关注儿童在家庭、学校和住宅区日常生活中结构性和经验不平等的空间维度，批判性讨论和分析儿童日常生活中与儿童年龄、社会阶层、种族和性别相关的空间维度。“多元社会中青少年的身份形成”课程则阐释了青少年在种族认同以及种族化和文化化过程方面的不同策略和特定问题，结合种族化和民族化的当代进程，探讨了多民族社会中年轻人身份形成的理论和概念。

家政教育中的纺织科学则设在人文学院的艺术历史系（Department of Art History），旨在学习从史前时代到今天的纺织历史，了解不同时代的材料和工具以及室内纺织品和服装的使用和制造等知识，以及编织与刺绣等实践教学。纺织科学的主要课程见表 5 - 5。

表 5-5 纺织科学课程设置

课程	课程内容
服装历史文献和分析	从史前时代到 20 世纪中叶的缝纫、裁剪和服装历史
纺织科学 A	从史前时代到现在的纺织材料和技术的历史发展
纺织科学 B	从史前时代到现在的缝纫、剪裁和服装历史，纺织品陈设，教堂服装和纺织品
纺织科学 C	纺织科学的研究观点、学科的历史编纂，以及作为文化对象的纺织品的作用

资料来源：https://www.uu.se/utbildning/utbildningar/#filter?subjects=%5ETextilvetenskap%24。

纺织科学课程模块主要包括“服装历史文献和分析”“纺织科学 A”“纺织科学 B”以及“纺织科学 C”等四门主要课程。“服装历史文献和分析”课程旨在培养学生在科学工作中使用服装历史方法的能力，以理论、文化历史背景和技术知识为基础来描述、分析服装和服装历史现象，掌握纺织领域的科学基础和经验知识，深入了解纺织技术和服装随时间所发生的变化，学习北欧国家和西方世界从史前时代到 20 世纪中叶的缝纫、裁剪和服装历史的基本知识。“纺织科学 A”课程则在技术历史和文化历史背景下介绍了从史前时代到现在的纺织材料和技术的历史发展，重点阐述了纺织技术在北欧地区和西欧的发展，主要包括纺织材料科学、编织的理论与实践、纺织历史以及刺绣艺术的理论与实践 4 个部分。通过该课程的学习，学生能够对从史前时代到现在的北欧纺织历史以及西方和海外的纺织历史有基本的了解，学会处理和储存纺织物材料，掌握天然纺织物和人造纤维的基本知识，纺织品染色、纤维的特性对材料的影响，学习编织技术、流程和工具的实用基础知识和刺绣技术发展和使用的基本知识。“纺织科学 B”课程深入介绍纺织科学领域的科学基础和经验数据，培养发展和应用科学写作的能力，涉及北欧国家和西方世界从史前时代到现在的缝纫、剪裁和服装历史，纺织品陈设，教堂服装和纺织品，主要包括理论与实践中的缝纫和花样构建、基本服装历史、室内设计和公共环境中的纺织品、论文写作 4 个部分。通过该课程的学习,学生能够理解和分析剪裁、花样和服装的基础知识,记录、交流和讨论服装的历史变化,并熟悉室内纺织品、礼仪纺织品和公共环境纺织品的知识。除此之外,学生还能够运用基本的纺织科学方法收集、加工、分析数据,并进行小型纺织科学调查并撰写论文。"纺织科学 C"旨在让学生深入了解理论和实践中的纺织科学研究观点以及作为文化对象的纺织品的作用,涉及纺织学科的历史编纂和纺织品作为文化对象的作用等问题,学习纺织文化遗产保护和学科史学的基本知识。

(二)哥德堡大学的家政教育

哥德堡大学(University of Gothenburg,简称 GU)位于瑞典第二大城市哥德堡,成立于 1891 年,1954 年与成立于 1949 年的哥德堡医药学院合并,1977 年又与该市众多独立的高等学院进行整合,成为瑞典第二大规模的综合性大学。

哥德堡大学也有着开展家政教育的悠久历史。哥德堡大学的家政教育可以追溯到 1890 年瑞典在哥德堡为女性职业教育而创办的高等手工艺研讨班。1977 年高等教育改革,哥德堡大学将家庭教育研讨班改为家庭教育系(Department of Home Education)。1990 年家庭教育系更名为手工艺和家庭科学系,1997 年则改名为家庭科学系。随着可持续发展理念的深入,食品、资源管理、健康的生活方式越来越具有重要的意义,人们需要基于可用资源来创造美好生活,食品、饮食等主题在可持续生活的框架内成为新兴的领域,因此 2006 年该系更名为食品、健康和环境系,而到了 2010 年体育学院并入该系,因此又更名为营养与运动科学系(Department of Nutrition and Sports Science)。

哥德堡大学的营养与运动科学系设有营养学、饮食经济学以及体育教练等本科专业，旨在讨论食物和消费选择、体育活动的意义、营养师培养、体育和健康。此外，营养与运动科学系专门设有继续教育项目，聚焦教师职业，为社会培养具有家庭与消费者知识的教师。目前该系培养的主要是两类“家庭与消费者知识”课程的教师：1～6 年级的基础教师和 7～9 年级教师。

“家庭与消费者知识”教师教育课程是一个综合课程，共有六个模板，前四个模块是课程基础，而后两个模块则旨在深入讲解专业知识，具体模块内容见表 5 - 6。

表 5 - 6　家庭与消费者知识课程的模块设置

模块	课程内容
1	日常生活中的家庭、健康和资源管理
2	消费与家庭经济学
3	食品、食品和饮食
4	营养、食品和饮食
5	食品、个人和社会
6	环境与学习

资料来源：https://www. gu. se/kostvetenskap-idrottsvetenskap/lararlyftet-hem-och-konsumentkunskap-ht—2020。

从“家庭与消费者知识”课程模块设置来看，模块一课程内容为“日常生活中的家庭、健康和资源管理”，介绍了家庭与消费者知识，家庭科学、营养学和饮食文化的概念，关于健康、经济与环境的观点以及相关的科学理论和方法。在生活实践中，食物和膳食对个人健康、财务和身份的重要性是不言而喻的，因此该模块主要在于培养家庭与消费者知识学科的教学能力，增加对家庭与消费者知识的理解，让教师能够根据学生的认知理解与学校的管理来规划课程。

模块二课程内容为“消费与家庭经济学”，主要探讨家庭内外发生活动中的消费过程与资源使用问题，特别是年轻消费者或经济困难者的个人财务问题与处理。该模块包括数字工具和经济模型的学习，并涉及知识点、测试和评估之间的关系，使教师学会评估学生在家庭与消费者知识课程中的进展。

模块三、模块四和模块五主要学习食品和营养方面的内容，因为食物是人类文化的重要组成部分，也在全球经济中发挥着重要的作用。食品生产和消费对公共卫生、经济和环境产生广泛而深远的影响，对人类的生命和健康具有突出的意义。在瑞典，自 1962 年以来义务教育中的家庭科学就为青少年提供了饮食计划、营养知识以及烹饪等方面的理论知识和实践活动。在 2011 年，瑞典国家课程全面修订和改革更是将可持续发展教育理念体现在学校课程中。具体来看，模块三课程内容为“食品、食品和饮食”，主要探讨食物选择与饮食计划，重点学习处理、制作和存储食品原材料和研究食品质量、化学和微生物过程。该模块还包括食品卫生与安全的部分，在教学环境中让儿童和青少年学习如何选择食品和享受食品，并在厨房进行实践。模块四课程内容为“营养、食品和饮食”，从青少年的营养需求和食品选择来探讨食物对健康的重要性，并基于可持续性的角度来研究青少年的营养需要、吸收，以及不同群体的营养需求。该模块还从公共卫生角度说明食品卫生的重要性，并根据不同的文化与伦理指出了食物偏好的问题。模块五课程内容为“食品、个人和社会”，主要关注作为一种文化和社会现象的食物和饮食，探讨饮食文化是如何受到社会条件和变化影响的。该模块通过人类学、民族学、社会学和饮食研究等多个学科领域和视角对饮食文化进行了广泛的介绍，使学生能够进一步了解饮食与文化之间的关系。

模块六课程内容为“环境与学习”，从日常活动的框架出发，考察了食品生产消费链的处理以及资源管理，并且在日常生活的分工中特别考虑了性别平等的问题。除此以外，该模块还从可持续的角度探讨了能源、水、回收利用、废物和食物垃圾的处理，以及家庭与消费者知识学科的知识观、教学和考试以及学习评估方法等。

总体来看，营养与运动科学系开设的课程适合那些想成为“家庭与消费者知识”课程教师的学习者，主要侧重于教学和对日常生活活动的理解与环境、经济和社会方面的可持续发展的问题，涉及个人财务、消费经济、家庭文化差异，传统、广告和媒体对消费选择的影响，食物和膳食，食物知识、营养和健康，以及道德和美学的重要性问题等。具体而言，该课程涉及学校的计划实施和教学评估，包括如何选择和烹饪对健康与环境有益的食物、个人理财、日常生活、资源管理、性别平等，以及学生发展组织和经营家庭方面的技能。该课程试图以一种渐进的模式来贯穿各个模块，以反复出现的主题、方法和教学法来体现教学的连续性。除了理论知识的学习，该课程还提供厨房等场所进行单独或分组的实践活动。此外，该课程还具体说明了如何根据研究成果、学科教学内容来制订课程计划、选择教材，并进行相关的教学评估。

第六章 瑞典成人教育中的家政教育

如前所述，瑞典教育体系依入学年龄分为学前教育、义务教育、高级中学教育、高等教育和成人教育等阶段。瑞典的初等、中等和高等教育同其他欧洲国家相比较，虽然有区别但基本上还是沿袭传统的教育与学习方式，而瑞典的成人教育在世界上可以称得上是独具特色的。

瑞典的成人教育有着悠久历史，成人教育在瑞典社会中也一直扮演着重要角色。自 20 世纪 60 年代以来，瑞典的成人教育在欧洲国家一直名列前茅，根据 2015 年欧洲委员会的报告《欧洲成人教育和培训：扩大学习机会的获得》，瑞典是欧洲参与教育和培训的成年人比例最高的国家，这在很大程度上与瑞典成人教育制度的完善、劳动力市场培训计划的发展和 20 世纪 70 年代中期的成人福利改革有关。

一、瑞典成人教育的发展历程

（一）早期的成人教育

瑞典成人教育的发展与国家经济社会的发展是相互关联的。19 世纪前半叶，瑞典还处于农业社会，成人教育受到宗教和自由主义的影响，以文化知识为主,职业性不是很突出。19世纪中期,成人教育思想开始萌芽。19世纪中后期,伴随劳工阶层崛起,瑞典成人教育开始出现一些自发的学习共同体,这些学习共同体由兴趣和意愿相投的学习小组汇聚而成,带动成人教育往实用性、技术性方向发展。瑞典正式的成人教育始于19世纪后期,1868年瑞典建立了三所民众中学(Folk High School)①,其中以赫维兰民众中学(Hvilans folkhogskola)最有名。瑞典的民众中学是以丹麦的家庭式民众中学为基础,被称为"农夫中学"或"平民中学",由地方及私人自我管理及经营,目的是提供一般成人或公民的教育,以18岁以上的成人为教学对象,课程有一般中学课程、选修科目、特殊课程、职业课程及短期课程,主要满足成人继续教育的需求。1871年前后,瑞典共建立了20所民众中学,在北欧民众中学教育运动中成绩显著。1902年,"瑞典学习圈之父"奥斯卡·奥尔森(Oscar Olsson,1877—1950)在兰德创办了瑞典教育史上第一个"成人学习圈"。这是一个由5名互相认识、相互熟悉的成人组成的学习小组。他们采用出版的教材,按照共同的学习计划,以中学的普通教育课程为学习内容,但采取非正式学习的方式。"成人学习圈"的理想是:对某一问题或某一科目有共同兴趣的人,可以自行地组织起来共同学习,从学习讨论中获取知识,解决实际问题。

(二) 成人教育纳入整个教育体系

第二次世界大战以后,瑞典政府更加重视成人教育的作用,相继出台一些法律政策,以保障成人教育的发展,并加大对成人教育的经费投入。

---

① 民众中学最初的倡导者是丹麦哲学家、诗人、教育家和牧师格伦特维(Grundtig),他认为成人教育应是心灵的刺激和精神的启发,非知识和技能的获得。他用丹麦语folkeoplysning来形容民众中学,folke指文化传统和民族,oplysning指启迪或澄清。在格伦特维新教育思想的推动下,1844年在罗亭(Rodding)创办了第一所民众中学。这种学校由于启发了民众的心灵、促进了民族的团结,成为丹麦农村繁荣的主要力量。因此,在1864年发起了大规模的民众中学运动,运动的影响深远,其余北欧各国也纷纷仿效。

如1947年，瑞典出台了一部政府支持成人学习圈的新法律，规定每个成人学习圈在完成基本任务后能够从政府那里直接获得财政支持，这种支持的费用要比以前高得多。1967年瑞典又进行成人教育改革，颁布了《成人教育法案》，并出台了两项重要的成人教育改革措施：一是建立了由国家拨款的"市立成人教育"，二是大力发展电视和广播教育。至此，瑞典逐步确立了成人教育在整个教育体系中的位置，使成人教育不再是一项边缘性的活动，从而也为成人提供了更多的接受正规教育的机会。

由于儿童及青少年时期所获得的知识并不能满足人一生的需要，"回流教育"(recurrent education)应运而生，成为一种新的教育策略。首先提出"回流教育"这一概念的是瑞典教育学家、曾任瑞典教育部部长及首相的奥洛夫·帕尔梅(Olof Palme)，他吸收终身教育思想的合理内核，于1969年在欧洲教育部部长会议上提出"回流教育"概念。帕尔梅认为，教育不可能一次完成，人在从事一段工作后应重新接受教育；主张按照"学习—劳动—学习—劳动"这个模式反复回归，交替循环，以代替传统的直线式学习形态。到20世纪70年代之后，"回流教育"成为欧洲的一种教育思潮，这个名词被广泛使用，成为"成人教育"(adult education)的同义词。"回流教育"既可以被视为一种继续教育形态，亦可以被视为一种人权，是指成人(包括在职的、失业的、休假的、退休的等)每隔一段时间，再回到教育机构进行有组织、有系统的学习，所以它可以说是一种终身学习的历程，体现了教育与工作的相互轮替。

20世纪70年代，支持"博雅成人教育"(Liberal Adult Education)的民众逐渐增多。"博雅成人教育"也被称为"自由成人教育"，是一种非正式的、自愿参加的成人教育，由非政府组织创办，但许多接受成人教育的学生，也受到政府财政的支援；到1976年正式立法，由政府来补助经济困难的成人接受再教育。此外，瑞典的工会联盟也主动支持成人教育的发展，"博雅成人教育"已成为民主化的重要教育措施。

20世纪90年代，瑞典教育行政实行地方分权化，趋向教育松绑，各市政府可自定义其成人教育的目的、目标、课程等。1991年博雅成人教育的管理形式因此改为间接目标管理，同年“瑞典全国成人教育委员会”(the Swedish National Council of Adult Education)成立，所有经费均由该委员会拨款；此外该委员会也负责瑞典全国成人教育有关经费的分配、行政、组织及评鉴等工作。

1994年市立成人教育课程进行了重新修订，学生年满20岁即可申请入学，可采取全日制、部分时间制或业余时间上课，主要是获取相当于高中的职业导向课程，以便就业或参与社会、文化的活动，课程则根据学生的能力、需求来选择。

1996至2001年，瑞典政府实施“高级职业教育示范计划”(Pilot Scheme for Advanced Vocational Education)，也被称为“成人教育五年行动计划”。由于当时市立成人教育的教学方法类似于高中教育，被批评没有有效地满足成年人发展的需要，导致了全社会的高失业率，大批失业人员参加到成人继续教育中，一部分参加正式的成人教育，一部分参加到非正式的成人教育中。在此背景下，瑞典于1997年正式启动成人教育计划。这一教育计划相当于大学教育性质，其中三分之一的课程在工厂中学习，但并非学徒训练，而是一种问题解决方式的学习，目的在满足劳动力市场技工之需求，且能生产产品，利用现代科技为顾客服务。该计划主要是鼓励地方政府重新组织市立成人教育模式，以更好地适应每个成人学习者的需求，这在一定程度上促进了瑞典成人教育的发展，促进了就业，降低了失业率。由此，瑞典成人教育模式朝着更加灵活多样并适应每个学生需要的方向发展。随着市场化的不断推进，非公立学校就读的成人教育学生数量在持续不断增加，从1997年的14.7%增加到2014年的45.7%。

此外，开放及远程学习(Open and Distance Learning，ODL)在瑞典也

开办很早。如1898年在瑞典第三大城马尔默设立第一所赫姆德函授学校(Hermods Corresponding Institute),由汉斯·斯文松·赫姆德(Hans Svensson Hermod)创立,是一个私立教育公司,主要从事函授教育。1984年成立"瑞典远程教育协会"(the Swedish Association for Distance Education),开展远程教育及灵活学习(flexible learning)。

21世纪以来,瑞典成人教育呈现出大众化和终身化等特点,并逐渐与终身教育体系相接轨。2002年又设立"瑞典弹性学习局"(the Swedish Agency for Flexible Learning)及"瑞典网络大学"(the Swedish Net University),后者由全瑞典35所大学提供成人教育,有些课程甚至包括博士的课程。另外,又设立"瑞典网络大学局"(the Swedish Net University Agency)负责规划、辅导瑞典网络大学的运作。

在面向21世纪的学习观——终身学习理论的影响下,瑞典致力于成人学习援助制度的探讨。1999年,利尔·利扬任·楼纳贝格受瑞典政府委托,组织一个专门委员会,审视和提议一种发展个人技能的新制度。2000年,利尔·利扬任·楼纳贝格代表委员会提交了名为"个人学习账户——从2002年开始的对终身学习的激励措施"的终期报告,这可以说是世界上成人学习援助制度的理论创新,极大地促进了瑞典的终身学习。还有研究者将在职培训置于终身学习视野下探讨,如英格·帕森撰文《瑞典的终身学习和员工培训》(2005),指出对大龄员工实施培训,既有利于提高生产率,也有利于延长大龄员工的工作年限。

2019年瑞典有超过34%的成年人参与终身学习,成为欧盟终身学习参与率最高的国家。2020年6月,瑞典政府向议会提交了一项有关成人教育法的提案,以加强成人的能力建设,加速移民融合并促进成人的再培训和技能提升。该提案旨在通过对《教育法》的修正,明确瑞典市政成人教育的目标;为成人教育中参与职业教育与培训的学习者提供国家资助;向更多的成人提供职业教育与培训,以简化其向新的学习途径和职业道路的过渡，尤其是对于新来的移民，能够使他们轻松地融入劳动力市场；通过学徒培训和校本培训，为有智力障碍的成人提供更多的职业教育与培训的机会。

虽然瑞典目前的成人教育已相当发达，几乎处处是教室，时时可学习，但瑞典成人教育的改革还在持续进行着。

二、瑞典成人教育的类型

（一）成人教育主要类型

瑞典成人教育历史悠久，类型与形式众多。根据实施机构，可以划分为四种类型：（1）正规成人教育（市立成人教育）（Municipal Adult Education，MAE），由国家成人教育委员会或市政当局负责，市立成人教育学校、全国性成人教育学校承担，正规成人教育又包括成人中高等教育、成人特殊教育、移民瑞典语教育（Swedish for Immigrants，SFI）；（2）非正规成人教育，由非政府组织负责的非正规大众成人教育，如学习圈、民众中学等；（3）成人职业培训，如劳动力市场培训、雇员组织提供的培训、公共和私立单位举办的职工培训等；（4）广播、电视、函授等远程教育。具体见表6－1。

表6－1　瑞典成人教育主要类型

实施机构	成人教育类型	
国家成人教育委员会、市政当局	正规成人教育（市立成人教育，MAE）	成人中高等教育（普通成人教育）
		成人特殊教育
		移民瑞典语教育

（续表）

实施机构	成人教育类型	
研习协会	非正规成人教育（博雅成人教育）	学习圈（学习小组）
自愿教育协会、私人自我管理		民众中学
全国劳动市场委员会、劳动市场训练中心、企业等	成人职业培训教育	劳动力市场培训等（公共职业培训）
瑞典灵活学习中心、函授学校、电视大学等	开放及远程教育	广播、电视、函授等远程教育

（二）成人教育主要功能

瑞典最主要的两类成人教育——正规与非正规成人教育，功能各异，各司其职又互为补充。成人教育主要具有三个功能：补偿功能、民主职能和劳动力市场功能。

补偿功能主要是帮助那些以前未能完成学业或没有接受过义务教育阶段、高中阶段学习的成年人，包括移民以及那些曾经接受过教育而后来因为某种原因终止了的成人；民主职能主要是通过成人教育的各种形式塑造能积极参与民主生活的公民；劳动力市场功能主要是使成人学习者为进入劳动力市场做好准备。因此瑞典的这些成人教育机构中，有的是为技能缺乏的失业者进行培训，如劳动市场训练中心等；有的是为了帮助农村青年摆脱贫困，获得就业技能，如民众中学等。这些多元化的成人教育机构合理分工、运转灵活，共同构成了瑞典成人教育丰富多样的模式以及领先世界的发达体系。目前，瑞典的成人教育相当普及，国内大约有80%的人口都接受过不同类型的成人教育，其教育内容丰富、形式多样，在世界上独树一帜。瑞典的成人教育为成人学习者提供了一个有效的学习发展平台，在这里个人可以通过不断的学习和自身努力来获得由于失业、不稳定的就业或学业失败而丢掉的自尊心和自信心。

三、瑞典成人教育对家政教育的影响

(一) 根深蒂固的成人教育理念,为家政教育提供深入发展的沃土

20 世纪初期,世界上多数国家都掀起了大规模的平民教育教学运动,但全民教育教学影响力度仍然较低,主要原因在于绝大多数国家对于成人教育的理解尚不够全面,认为这是一种在国民整体文化水平低的情况下才实行的临时性政策,因此随着国家教育教学体制的不断完善与发展,全民教育活动地位也随之降低。而瑞典与其他国家有所不同,在教育初期着重培养国民基础文化素质,在教育教学发展过程中,政府充分发挥职业培训以及提高民众综合文化水平与素养的作用,让全民教育教学融入生活与工作中,并成为国民生活和工作不可或缺的一部分。瑞典政府如此重视成人教育,源于瑞典注重提高国民素质、重视社会生活的发展需求,这些理念支撑着瑞典成人教育稳步前进。

瑞典成人教育的一个突出特征就是学生多为女性。据官方统计,在 2000 年前后,瑞典所有的市立正规成人学校的学生总人数约 25 万,其中约 17 万名学生是妇女,并且这些女性大多愿意选择家政教育的课程。可以说,正是成人教育中引入了大量家政类实用性强、学习周期短的课程,才使得成人教育得以普及推广;反过来,正是大量的家政课程学生的参与,在潜移默化中推动着成人教育中的家政教育蓬勃发展。

1. 有教无类,以成人的需求为立足点

瑞典成人教育向各个阶层的民众开放,只要民众有意愿学习,都可以根据自己的需求选择对应主题的专业、课程。而民众的实际学习需求中,与家政相关的内容非常多。在成人阶段参与家政课程学习的人构成复杂、遇到的困难很多,而瑞典成人教育兴办之初便体现了其“有教无类”的教育理念,包括学习对象的多样化、没有入学资格要求、无年龄界限、无阶层限定、低廉的学费及为特殊人群提供学习条件等方面,这些对于参与家政教育的人们来说无疑是最有利的。参与成人教育的既有年轻人,也有老当益壮的中老年人;既有在职人员,也有失业人员,参与人员在成人教育学校内都有机会满足自身的实际需求。此外,瑞典成人教育还特别为残障人士、女性公民、中老年等特定人群设置相应的学习活动,帮助他们排解生活中各种压力和烦恼,在学习交往中建立自信。正因为对学习者没有身份和年龄的限制,包括学习圈在内的各种成人教育机构逐渐成为人们日常生活交往的重要场所,不同身份背景、不同生活经历、不同兴趣爱好的人在一起,也能碰撞出思想火花。

2. 学校即社会,社会即学校

家政教育中的社会学、人类学等领域十分强调个人为人处世能力的养成以及社会参与者之间和谐关系的建立,成人教育同样特别注重培养学生人际沟通的能力。瑞典成人教育为把每一个人培养成社会有用之人,营造适宜的校园氛围,鼓励学生之间多交流,在学习中成立合作学习小组,在集体的相互沟通、学习中不断进步,进而能够更好地融入社会。不仅注重成人学习者专业知识、实践能力和专业技能的培养,而且注重营造树立良好职业道德、生命观的成人教育校园文化。瑞典成人教育中的家政教育也以学生为中心,并根据学生的实际需求,实施灵活的教育方法,因材施教,帮助成人通过教育来改善自身的生活状况,提高生活质量和促进社会的整体发展，实现自身价值和幸福的目标。

可见这种以人为本、注重生活的理念为成人教育及其中包含的家政教育的长足发展提供了源源不断的动力，也使得家政教育在成人教育中的地位与作用日益突出，成人教育与家政教育的联系日益紧密，这都为家政教育的持续发展提供了恒久的沃土。

（二）完备的法律保障体系，为家政教育提供坚实支撑

瑞典成人教育能够极大地促进学生自我完善与自我发展，在加强专业化职业培训与丰富精神生活的同时还促进了国家民主与社会稳定，因此瑞典对成人教育高度重视，颁布一系列相关法律法规予以保障。

1967 年，颁布《成人教育法案》，政府增加了对教育协会的资助，也规定政府应举办市立成人学校，从此政府开始介入成人非职业教育的领域。

1971 年，颁布有关地方和国家成人教育的法令，详细规定了地方和中央对成人教育应尽的职责。

1972 年，颁布移民有权带薪休假参加瑞典语学习的法律。

1975 年，通过立法保障在职者脱产学习的权利。规定凡在过去两年中总计工作时间为一年以上的雇员，都可享受脱产教育假。雇主以任何理由对其雇员教育假实施的拖延最长不得超过半年。脱产学习的雇员结束学习返回原岗位时，有享受其原有职位和收入的权利。雇员请假学习期间虽得不到工资，但作为工资损失的补偿，可以得到一笔按学习时数或天数计算的生活补助费。同年，又通过一项法律，规定雇主必须缴纳一定的成人教育税。

1977 年，颁布《高等教育法令》，强调大力推广“回流教育”，将中等后各教育机构统整为单一制的高等教育体系，以便学生的入学选择和国家财力分配。同时规定凡持有民众高等学校证书者或有 4 年工作经验、年

龄在 25 岁以上且具有 2 年高中英语程度的成人，均可报考而进入高等学校就读。这样使具有一定劳动经验的成人可以不通过中等教育，而通过劳动途径进入高校学习。

1981 年，制定劳动市场培训资助法令，旨在为失业者和濒临失业的人提供培训。

1984 年，通过一项新的立法，规定在事业上获得成功的企业或公司必须从其所得利润中拿出 10％用于发展成人教育。

1991 年，教育法修正案将政府的教育责任下放，由私人企业与公共部门共同促进工作场所的成人教育与进修教育。政府将成人教育放到综合性的整体教育改革中，除了平均分配教育资源与经费到各级教育机构，也将教育责任部分转给私人教育机构，某些补助成人教育的基金变成以奖助学金方式发放，而雇主所办的教育也可由雇主自行决定参与教育的员工的申请资格。

1997 年，颁布《成人教育五年行动计划》法令。此外瑞典还相继通过了《民众中学法》《市立成人教育法》《学习小组法》等有关成人教育的法案，对成人教育的地位、目的、经费来源、组织领导、师资培训等都做了详尽的规定。

2011 年，瑞典教育部颁布了《成人教育条例》(2011)，废除了此前《成人城市教育的条例》(2002)、《特殊成人教育条例》(1992)、《移民瑞典语教育的条例》(1994)、《监狱教育的条例》(2007)、《成人教育分级权的条例》(2010)等法律条文，并制定与明确了新的有关市政成人教育、成人特殊教育和移民瑞典语教育的法规。

2020 年 6 月，瑞典政府又向议会提交了一项有关成人教育法的提案。该政府提案旨在通过对《教育法》的修正，明确瑞典市政成人教育的目标；为成人教育中的职业教育与培训的学习者提供国家资助；向更多的成人提供职业教育与培训，使他们能够融入劳动力市场等。

瑞典出台的成人教育相关法律法规数量多、涉及范围广，形成了法律保障体系，对于成人教育的基本原则、基本制度与行政制度都用法律条款进行控制、监督和调节，从而确保成人教育健康有序地运行。瑞典家政教育与成人教育联系密切，因此完善的法律保障体系不仅是瑞典成人教育事业蓬勃发展的基础所在，也是成人教育中所涵盖的家政教育经久不衰的重要原因。

(三) 成人教育形式与机构多元化，丰富家政教育课程与形式

瑞典成人教育有着类型多样的模式与机构，且各机构之间联系十分密切，社会认可度较高。瑞典设有北欧国家所特有的劳动市场培训中心、函授学校等成人教育机构，如拥有 100 多所劳动市场训练中心；此外，还有一些自由教育组织机构和有志于学习的学习小组等团体性组织；政府资助、地方企业及民间团体共同开办的实地训练机构；工会联合会下属的训练机构等，成人学员可以在全国范围内选择和参与各种形式的成人教育。这些多元化的成人教育机构分工合理、运转灵活，一方面促使瑞典成人教育高效、有序发展，另一方面也极大地丰富了家政教育的课程与形式，使得瑞典家政教育与时俱进，向着多元化的方向发展。

(四) 社会福利的有机构成，为家政教育的深入开展提供支撑

瑞典实行“从摇篮到坟墓”的社会保障体系，教育也是社会保障体系中的重要组成部分。20 世纪 90 年代初期，瑞典教育机构加大对失业人员的培训力度，政府也加大失业人群培训机构的教育资金投入。之后瑞典将成人教育教学目标与方向放在国民终身教育上，提倡国民终身教育。

瑞典为促进终身教育的发展，从国家政策与经济层面制订了成人教育 5 年行动计划、个人学习账户等政策，对非正规教育的支持力度也非常大。

1. 成人教育 5 年行动计划

瑞典“成人教育 5 年行动计划”的行动期是 1997—2002 年，是以教育为手段，目标在于促进就业、促进经济发展的政策。这项计划在政策方面主要考虑的是政府应该为最需要增加教育的成人提供接受教育的机会，以此增加个人的知识，提升个人就业技能，增加自信，增强他们在就业市场中的稳定性和发展性。计划的执行主体是瑞典政府部门以及地方级政府部门，主要由中央政府提供教育资金资助以提供更多的学习机会。

该计划主要针对的是失业成人以及未完成 3 年高级中等教育的成人，使得成人能获得必要的资格和技能水平，为其终身学习奠定基础。计划的主要目标是降低失业率，调整劳动力市场结构；改革成人教育的发展，缩小教育分化差距，促进社会资源平等分配，最终促进整个国家的发展。计划涉及成人教育体系、正规教育体系和劳动力市场的整合，是跨政府部门的重大政策。家政教育课程关注人的生存与发展，重在培养人的生活能力，既是就业所需，对提升人的生活质量也不可或缺，因而在“成人教育 5 年行动计划”中借助国家政策之利，获得了稳定、持续发展。

2. 个人学习账户

如果说“成人教育 5 年行动计划”在政策上保证了瑞典家政教育的稳定发展，那“个人学习账户”则是在经济方面促进了家政教育的持续进步。2000 年瑞典从国家预算中拨出一笔经费用于实行包括“个人学习账户”在内的促进终身学习的激励措施，以发展瑞典民众的个人技能。“个人学习账户”实际上就是支持终身学习，是一种“终身学习契约”。

瑞典的个人学习账户制度有八个特点：一是由政府主导进行推进，瑞典政府平均每年拨款约 1.15 亿克朗；二是该制度包括政府、个人和雇主三个主体，运作机制由储蓄账户、地方与公司之间的协议和失业保险三部分构成；三是账户制度是开放、普遍的，对所有人适用，不管其教育背景、收入、年龄或工作岗位如何，即任何一个雇员或个体营业者都有权开设一个学习账户；四是账户是自愿的、自主的；五是账户存款原则上没有限额，但为了减税，有一定的限度；六是个人从账户中取款有一定的条件，如存款时间至少满 12 个月、年龄必须满 25 岁等；七是账户是终身的，如果账户所有者在其 65 岁时还没用过个人学习账户中的存款，他的个人学习账户可以转为个人养老账户；八是政府对资助的课程和提供课程的教育或培训机构都有一定的质量标准。个人学习账户对瑞典成人教育提供了良好的经济支持，有利于成人不断学习，完善自我与发展自我，对于个人、企业以及社会的发展都具有促进作用，也为成人教育中的家政教育提供了良好的发展环境。

3. 对非正规成人教育的支持

以非正规成人教育的主要类型——学习圈为例，虽然学习圈是由民间非政府组织等共同组成、管理与运营，政府对它的干预十分微弱，但随着非正规成人教育的影响力越来越大，政府对其的重视程度与财政支持也日益增加，因此在财政上学习圈比较依赖当地政府。这样，学习圈本身的运营费用低廉，又能得到政府的财政支持，学习所需资料也可以从当地的图书馆借阅，因此整个学习圈活动的成本非常低，更有利于吸引大量的民众参与。自 1912 年起，瑞典政府便决定通过帮助筹资购买活动所需书籍的形式来支持学习圈。通常情况下，学习圈的学习经费由中央政府资助 50％，地方政府负担 30％，学员自己负担 20％。完善高效的社会福利体系不仅是瑞典国家的突出特点，也是瑞典成人教育体系的发展优势，参与成人教育的瑞典民众以较小的投入便可获得更多的生存与发展技能以及更好的工作机会，这提高了民众参与家政教育的积极性，也为家政教育在瑞典的深入开展提供了支撑。

四、瑞典成人教育中的家政教育

（一）正规成人教育中的家政教育

瑞典正规的成人教育是于1968/1969年开始实行的，在其后的数十年中发展很快。所谓正规的成人教育是由全国近300个市政府的教育委员会主持的，因此，也被称作市立成人教育（MAE）。包括健康与护理等在内的家政教育领域的成人教育由23个省政府主持。此外，还有2所国家级成人学校。

1. 市立成人教育学校中的家政教育

就全面建立正规成人学校教育体系（formal national adult education system），瑞典于1968年通过了一项立法，要求各市政当局将举办成人教育作为必须履行的地方公共事务法定职责。此后各市政区陆续办起了"市立成人教育学校"（Kumvux），为提出需要的成年人提供与义务教育学校年级（即初中）程度相当以及高中水平相当的课程，教学目标是让就学者获得知识与技能，以便取得在高级水平上继续学习的资格或满足某些职业要求。成人学校上课方式灵活，可以是白天上课，也可以是夜校，可以是全日制，也可以是非全日制。1977年议会又通过新的法令，要求各市政当局建立"成人基础教育学校"（Grundvux），为有需要的属于"功能性文盲"的成年人（包括外来移民）提供小学层次的"基础成人教育"（basic adult education）。为指导中小学层次的成人教育学校教学，瑞典教育部门编制了专门的《课程方案》并于1982年正式实施。1994年版《非义务教育学校课程方案》正式将成人基础教育课程方案与普通中小学教育的课程方案统一起来，明确要求同一学段水平的成人学校教育与普通中小学之间要能够等值，如要求“市立成人学校与国立成人学校教育不仅要提供每一门课程的教学，而且要达到与义务教育或高中教育毕业相当的能力水平”，“针对有智力障碍成人的教育，也要达到与未成年智力障碍学生在义务教育学校或高中职业教育中所应该和能够达到的能力水平”。

经过多年的发展完善，瑞典建立了为成人提供基础教育的学校教育体系，具体分为普通成人教育、成人特殊教育和移民瑞典语教育三大类。无论哪一类成人基础教育，在教学内容设计、教学形式选择、教学时间安排、教学帮助手段等方面，均要求充分考虑求学者的现有基础、学习能力以及工作与生活的方便程度等因素，力求便捷可行，因此市立成人学校的课程中包括了大量与生活及社会相关的家政教育课程，其课程目标包括为学员提供参加工作与社会生活所需的知识与技能。据统计，市立成人学校学员中女性和移民居多，女性占将近 2/3，移民比例达四成，教学目标倾向于培养学生的社会生存及生活技能。女性居多的学生构成，使得家政教育课程在市立成人学校中的地位与影响进一步凸显。

值得注意的是，瑞典还十分注重成人基础教育与未成年人基础教育之间的“互联互通”。在办学形式上，很多市政区的成人基础教育学校与普通中小学校共享校舍、教学设备与师资，资源共享。市立成人学校与普通中小学共享教育资源，可以使普通中小学的家政课程走进市立成人学校，进一步丰富市立成人学校的家政教育类课程，同时降低了学分要求，有利于吸引更多成人参与家政课程的学习，促进家政教育的发展。

公众享受公共职业训练的条件有：20 岁以上的瑞典公民或侨民，有劳动资格者；失业的人和濒临失业的人，或者难于找到固定职业者和主妇；残疾人和移民；在职业介绍所登记求职者中被判定能就业的人等。

2. 职业训练中心（劳动市场训练中心）中的家政教育

从 20 世纪中后期开始，瑞典就成立了对失业者进行职业训练的“再教育中心”。瑞典的职业训练是成人职业教育的一个重要途径，成效显著，规模也大，目的是救济失业或濒临失业的人，使之掌握应变的职业能力。公共职业训练的主管部门是劳动市场厅，学习内容由教育部门、使用劳动力的团体、工会等有关方面协商制订计划，主管部门根据计划确定训练场所和规模，根据招收的人员、职业类别决定预算和学习补助金的分配。训练的场所有职业训练中心、训练学校以及企业等。训练期限从几周至两年不等。瑞典在全国建立 50 多个职业训练中心，同时在 120 多个地区举办长期训练班，培养大量包括家政服务人员在内的工人、护士、售货员、出租汽车司机、化验员、会计、秘书、厨师、技术员，甚至设计师、工程师等各种人才。在这些训练中心学习的人数可达 4 万左右，一年内，瑞典可以利用这些机构将其总劳力的 3%的职工轮训一遍。从 20 世纪 70 年代开始的职业训练，也越来越注重提高学员的普通文化水平，尤其比较长期的训练，要求学员必修语文、英语、数学、物理、化学等一般科目，以加强职业训练的文化基础。

(二) 非正规成人教育中的家政教育

瑞典的非正规教育与正规教育紧密相连，形成了完整的终身教育体系。各种非正规教育逐步发展完善，对推动瑞典终身教育的发展做出了较大的贡献。在众多非正规教育形式中，有着 100 多年历史的学习圈，更是以其自由开放的特征成为瑞典学习社会建设的典范；而民众中学则在一定程度上起到联结正规教育和非正规教育的纽带作用，成为瑞典终身教育体系的有机组成部分。

1. 学习圈

“学习圈”(Study Circle)是瑞典学习协会的最主要活动形式。“学习圈”这种成人学习方式最早发端于 19 世纪末的美国，但繁荣于瑞典，在中国台湾也称为“读书会”。被誉为瑞典教育界“学习圈之父”的奥斯卡・奥尔森于 1893 年访问美国，他想要寻求一种教育方法可以改变他的祖国贫穷落后、贫富差距极大的面貌。当时的瑞典经济贫困和发展步伐缓慢，已经无力支撑人口的增长，国内动荡不安，民众运动纷纷兴起。在民众运动过程中，改革人士逐渐发现，缺乏知识是组织发展和社会改革的主要障碍，只有通过提供学习机会，提高民众知识水平才能解决这些问题，于是“学习圈”应运而生。奥斯卡·奥尔森认为，大众成人教育不应该只教授固定的知识，学习者只有依赖他们自己的能力和经验，并与他人分享交流，才能使所学的知识很快地应用于实际并为他们所用。根据奥斯卡·奥尔森的理念，“学习圈”最重要的特征是学习的开展不再依赖教师，而是靠阅读、交流和讨论。“学习圈”设立的主要目的便是让参与者在自由讨论和演讲中不断获取知识，以此作为训练社会一般成员和领导者的一种手段，同时发挥一定的民主政治作用。瑞典成人教育报告（Adult Education Proclamation）将“学习圈”界定为“一群朋友，根据事先预定的题目或议题，共同进行一种有方法、有组织的学习”。每年瑞典组织的“学习圈”有 30 多万个，参加者超过 170 万人，许多人每年不止参加一个“学习圈”。瑞典公民主要通过所在的组织加入“学习圈”，也有的是从“学习圈”在当地报纸或其他媒体所做的广告中找到相关信息加入“学习圈”。在参与“学习圈”的人员中，45 岁及以上的参与者比重达到 62%，其中 65 岁及以上的人群比重最高，为 36%。“学习圈”除参与人员以女性占大多数(57%)外，还有一个重要特点就是拥有数量较多的家政课程。“学习圈”中的学习主题主要分为两大类：一类侧重理论学习，如语言、历史和最新社会事件研习等；另一类则以实践为导向，如家政教育领域的手工艺、木工，艺术类的舞蹈、乐器等。“学习圈”的主题主要根据参与者感兴趣的话题而来，主要致力于增长民众知识和技能，陶冶情操，提高文化修养。“学习圈”大多以其讨论的话题来命名，如编织、钓鱼、走向未来、电脑、阿尔茨海默病患者亲属圈、写作、婴儿歌曲、文学圈、中世纪歌舞、你的宠物犬等，只要学习者感兴趣，可以共同商讨决定学习主题。“学习圈”作为非正规学习的典型代表为丰富瑞典民众生活、发展与延续家政教育做出了巨大贡献。

2. 民众中学

瑞典民众中学是处于基础教育和高等教育之间的中等教育和初级高等教育。1868 年瑞典在效仿丹麦的基础上建立了三所民众中学，主要是为农村成人提供接受普通教育的机会，以满足农民渴求知识的愿望，上课时间都错开农时季节来安排。随着 19 世纪末民众运动的开展，民众中学已经成为瑞典成人教育的重要组成部分，被称为瑞典“最古老的成人教育形式”。

民众中学不受国家课程标准限制，独立制订课程活动，主要为 18 岁以上的成年人提供课程教学，课程长度从几天到几年不等，长期课程一般是 1～3 年，其中一些可以提供相当于中学程度的知识量，从而使参与者也有资格继续进入大学学习。课程的类型分为长期课程和短期课程。具体来看，长期课程分为普通课程和特殊课程。普通课程主要是公民文化教育方面的内容，特殊课程则可以细分为以兴趣为导向的课程，如音乐、艺术等；以就业为导向的课程，如治疗助理、翻译等；以对象为导向的课程，如针对移民、妇女及残障人士等的课程。民众中学的教学是基于学习者经验基础而进行的，以核心学习小组的讨论为主要学习形式。学习者无须缴纳学费，但需缴纳教材、资料、食宿的费用，这些费用通常也可以通过申请各种政府补贴进行补偿。

民众中学的学习内容都是贴近民众生活、关注民众兴趣的，因此也是瑞典家政教育的重要场所。

第七章　瑞典家政教育的特点及启示

如前所述，瑞典是世界上最早开展家政教育的国家之一，家政教育的熏陶不仅使得瑞典人民热爱且注重生活，也引发全社会对家庭生活及其相关领域的关注，对瑞典经济社会的发展产生广泛影响。置于全球背景下考察，瑞典的家政教育具有鲜明特色，瑞典家政教育的发展对我国大中小学劳动教育以及家政教育的开展也具有一定的借鉴意义。

一、瑞典与北欧其他国家及美国家政教育的比较

（一）与北欧其他国家家政教育的比较

瑞典家政教育是北欧国家的缩影。受地缘政治经济及文化的影响，北欧诸国家政教育有共性之处，但也存在一定的差异。由于缺乏法罗群岛及冰岛的相关文献资料，这里仅对瑞典、挪威、芬兰、丹麦四国进行分析。

1. 北欧国家家政教育的共性之处

（1）普遍关注“家”。在北欧国家，家政学的学科名称中都使用了意为

“家 ”的术语(Hem、Heim、Huslig、Hjem),如“Hemkunskap”(家庭知识,瑞典)、“Heimkunskap”(家庭知识,挪威)、“Huslig Ekonomi”(家庭经济,芬兰)、Hjemkundskab(家庭知识,丹麦)。近年来,这一表述发生了变化,用“户”代替了“家”。这是受平等理念影响对“传统家庭”理解的进一步扩展,将独居、不考虑血缘关系的共同生活和其他共居形式均考虑进来。

(2) 性别平等是家政教育的基础。19 世纪以来,北欧社会经历了从男权社会到性别平等的过程,尤其是在瑞典和芬兰。北欧国家性别平等的基本目标是让男性和女性都认识到他们对家庭和家人的共同责任,而不受性别角色的限制。各国中小学阶段的家政教育虽开始于女生教育,到 20 世纪 50—70 年代均先后发展为男女生的必修课程。

(3) 体现北欧国家教育改革理念。斯堪的纳维亚半岛的学校教育在 20 世纪 90 年代都进行了改革,作为北欧学校教育基础的“培养公民”和“男女平等”理念深深地影响了家政教育,同时家政教育也集中体现了教育改革的实践性、应用性、着重发挥学生自主性的理念。

(4) 女性力量的推动。北欧是世界女性地位最高的地区之一,也是女性劳动力参与率最高的地区之一。家政教育有助于提高女性的社会地位,女性既是家政教育的受益者,在各国家政教育发展中所发挥的作用也十分突出,是家政学发展的最主要推动者。早在 19 世纪末期,家政教育为女性打开了一扇职业大门,直到今天家政教育中的保育、餐饮、酒店管理等女性就业比例都很高。

(5) 家政学从关注家庭出发已转变为具有更广阔视野的学科。比如不断增进对全球化背景下环境、移民等问题的关注;从对私人领域的关注向社会公共领域拓展。从家政教育内容来看,尽管各国的教育内容有一定差异,但都包含三大块基本内容:膳食(营养、烹饪、饮食文化),卫生(衣着管理、住房管理、住房环境、自然保护),家庭生活(家政、消费、家庭生活)。

2. 北欧国家家政教育的差异

(1) 家政教育产生和发展的时间略有差异。瑞典家政教育开始于19世纪中后期,1919年的学制修订中,家政学成为女生的必修课程,1961年成为所有学生的必修课,瑞典是北欧也是世界第一个实现家政课程男女共修的国家。芬兰家政教育始于19世纪90年代,1935年家政课成为女生义务教育必修课,20世纪70年代成为男女生共修的必修课。挪威家政教育始于19世纪90年代,1938年开始成为女生义务教育必修课,1959年成为男女生的必修课。丹麦于1895年在索里奥开办了第一所农村青年妇女家政学校,1899年家政被确立为丹麦学校教育的一个科目,1975年教育改革后,家政课成为男女生的必修课。

(2) 义务教育阶段家政课程课时略有差别。家政学科是北欧国家义务教育阶段的必修课,但在各国的总学时不同。瑞典的总学时为118小时,芬兰为114小时,丹麦为80～120小时,挪威为228小时。

(3) 大学家政教育的设置略有不同。瑞典乌普萨拉大学早在1895年就开设了家政学校对家政学的教师进行相关的专业知识培训;1892年成立乌普萨拉私立学院,其中的厨房学校教授家政相关知识;1895年乌普萨拉私立学院的厨房学校成为独立的家庭经济职业学校;1961年,家庭经济职业学校由政府接管,更名为家政教育学院。芬兰也是北欧较早考虑家政学在大学研究中必要性的国家,早在20世纪初就酝酿,到40年代赫尔辛基大学成立家政系。1925年,挪威开启了早期家政高等职业教育,在很长的时间中斯塔贝克学院在家政学研究和教育中发挥了核心作用。丹麦的奥胡斯大学家政学科研究所成立于1957年,由四个系组成,即食品科学、临床营养、家庭科学和消费者科学。

(二) 与美国家政教育的比较

美国也是家政教育开展最早的国家,美国的家政教育始于19世纪中期，1840年就出版了第一部家政学论著。美国是自由资本主义发展的典型国家，而瑞典是社会民主主义占主导地位社民党长期执政的国家，对这两个有代表性的国家进行比较，可以更好地了解瑞典的家政教育，在认识瑞典家政教育与其他国家共性的同时，认识其独特之处。

1. 家政教育均发端于19世纪工业化及城市化时期，但发展路径有所不同

不管是先进入工业化的美国，还是后发展的瑞典，家政教育均是在工业化及城市化过程中产生的。19世纪初美国就开始了工业化，1865年内战结束后，工业资产阶级控制了政权，工业化步入成熟阶段，到第一次世界大战结束，美国已经从一个农村化的共和国发展成为城市化国家。与美国相比，瑞典的工业化起步较晚，19世纪初期仍然是一个以农业为主的落后欧洲国家，19世纪中期，凭借丰富的自然资源优势以及中立国优势，开始了工业化进程。瑞典的工业化发展速度快，到19世纪末期，已经完成工业化，跻身最发达、最富裕的国家行列。

两国家政教育发展路径不同之处在于：

(1) 家政教育的早期推动力量不同。家政教育萌芽和发展早期，美国相关立法的出台对家政教育起到十分重要的作用。1862年，美国通过的《莫里尔法案》(The Morrill Act)对家政教育的产生和发展是十分重要的间接推动力。该法案旨在促进美国农业技术教育发展，通过在土地补助学院讲授有关农业和机械技艺方面的知识，为工农业发展培养所需的专门人才。在各州建立的土地补助学院中向妇女教授做饭、洗衣、缝纫、打扫房间、照顾病人和卫生等与家政有关的课程，并通过科学理论的引入和技术的应用促使家政活动现代化，间接推动了家政教育的前进。1917年的《史密斯-休斯法案》(Smith-Hughes Act)规定联邦拨款在中学建立职业教育课程，家政教育也受益于此。由于有立法支撑以及由此获得的联邦和州政府的财政支持，美国早期的家政教育发展快速。

而在瑞典家政教育的萌芽阶段，各种民间力量、社会思潮及政党活动是重要的推动力。进入20世纪，瑞典才有了推动家政教育发展的相关立法。欧洲工业化及民主化进程领先的大背景，也有助于瑞典家政教育的早期发展。

(2) 家政教育早期的关注重点不同。美国是一个农业大国，工业化进程中的家政教育首先将关注的重点放在农业及乡村中的女性身上，教授她们家政相关的课程；而瑞典早期的家政教育则更多关注城市化进程中的城市女性尤其是贫困女性，包括女童和成年妇女。

(3) 家政高等教育的早期发展不同。美国是第一个开始推行家政高等教育的国家，1875年伊利诺伊大学最先设立四年制的家政专业，家政学从此确立了自己的学科地位并开始授予学位。1899年，随着普莱西德湖会议(the Lake Placid Conferences)的召开，"家政学"(home economics)一词被确定，社会活动家们也开始呼吁在全国各地的学校开设家政学。1908年，美国家政协会(Home Economics Association)成立，该协会继续游说联邦和州政府提供资金，以促进家政学的研究和教学。瑞典的家政高等教育略晚于美国，但美国的家政高等教育始于四年制普通大学本科教育，而瑞典始于家政高等职业教育。

2. 早期的家政教育均是面向女性的教育，但实践路径有所不同

瑞典和美国的家政教育均始于性别隔离下面向女性的教育，强调实践性和应用性，在为女性建立和维护家庭生活能力的同时，也为她们提供一条可能的职业化发展路径。但是与瑞典相比，美国早期家政教育的内容细分更加明确，联邦和州政府在其中发挥的作用也更明显。

19世纪末20世纪初，美国家政教育两位女性先行者理查兹(Ellen Richards)和比彻(Catherine Beecher)提出了家政教育的七个领域，这一分类标准一直沿用至今。这七个领域提出的最初目的是在教育女性如何

更好地照护家庭的同时开辟新的职业道路。

表 7-1　美国家政教育的七个领域

领域	简介
烹饪	食物准备是家庭主妇的核心，烹饪是家政学中一直延续至今的领域。早期的家政课程教会女性如何烹调营养均衡的膳食，包括食品安全和保存。因此，这一领域包括食品的烹饪、保存、营养。
儿童发展	教授学生如何抚养孩子，了解儿童发展的各个阶段以及如何在每个阶段对儿童做出正确的反应。
教育和社区意识	母亲是儿童的最早的教育者，在家庭教育扮演着重要角色，母亲需要在儿童入学之前教会他们基本的阅读和计数，以及基本的伦理道德。
家居管理与设计	学习设计元素是为了更好地装饰和照料自己的家，还包括清洁和组织。
缝纫和纺织品	妇女不仅缝自己的衣服，而且缝孩子的衣服。还需要了解纺织品的材料以及图案设计。
预算与经济学	女性是家庭购物的主要承担者，她们被期望了解如何明智地消费和最明智地使用家庭资产。因此，预算、理性消费和投资是主要学习内容。
健康和卫生	学习妥善照顾生病的家庭成员。这包括卫生设施、让生病的家庭成员远离健康人群，以及在家治疗常见疾病。

资料来源：郑文.美国家政教育的发展及其启示，1999。

瑞典早期的家政教育不同于美国提出的七个领域，而是注重根据教育对象不同，构建差异化的教育目标和教育路径。女性家政教育具体地分为女童学校教育、成年妇女职业教育和培训，而后者又细分为家庭主妇教育和妇女职业教育（详见第二章）。从家政教育内容来看，膳食烹饪、儿童保育、家庭清洁和卫生、缝纫和纺织品是早期的主要内容。

3. 家政教育的发展均体现了“去性别化”特征，但实现路径有所不同

早期两国的家政教育均始于性别隔离下的女性教育，从 19 世纪中后期尤其是 20 世纪以来，欧美国家为争取女性公民权、教育权、就业权等各

项权利进行着不懈的努力，美国女性于1920年，瑞典女性于1921年获得了选举权。随着民权运动和女权运动的兴起，欧美国家关注学校教育中的性别歧视，并通过立法、行政、司法等多个途径，推动教育中的性别平等，家政教育也得益于此。无论是中小学校中的家政课程教育，还是高等教育中的家政专业教育，均贯彻着性别平等的理念。

美国和瑞典家政教育去性别化的具体路径却有所不同。美国家政教育一直沿用的七个领域并没有变化，所不同是的是教育对象从最初只针对女性到将男性逐步纳入。而瑞典早期的家政教育同样是针对女性教育，但在其发展过程中，教育的内容和对象都在逐步扩大。到20世纪60年代，将原只是面向男性的木工等手工课程纳入家政教育范畴，家政教育的内容得以扩展，包括手工、儿童保育与家庭科学，开始向学生提供不分性别的关于家庭生活的基本知识与技能，到1981年原本男生专属的技术类课程也成为男女生的必修课。

4. 两国各层次家政教育均突出实践性，但有着差异化的教育目标和实施途径

(1) 中小学家政教育

美国和瑞典的中小学家政教育都是围绕营造美好家庭而展开的素质教育，重视实践性和应用性。与瑞典由国家教育部统一规定并建立课程计划不同，美国没有全国统一的中学家政课程设计模式，各州根据《家庭与消费者科学教育国家标准》(The National Standards for Family and Consumer Sciences Education)的指导，再结合本地区实际情况编制本周的中学家政课程标准，推动家政课程的实施，具有多样化特色。以加州为例，2005年后，加州教育部门发布了《加州7～12年级生涯与技术教育返利课程标准》(California CTE Model Curriculum Standard Grades Seven through Twelve)，中学家政课程主要与三个行业类别的知识和技能相联系：教育、儿童发展和家庭服务，时装设计与室内设计，酒

店、旅游和娱乐。

（2）家政高等教育

两国高等教育中的家政教育路径也有所差异。发展至今，美国 1500 多所大学中有 780 所设有家政系，有的还可授予硕士、博士学位。其中，知名大学有俄亥俄州立大学主校区（Ohio State University-Main Campus）、得克萨斯大学奥斯汀分校（The University of Texas at Austin）、得克萨斯州立大学（Texas State University）、密歇根州立大学（Michigan State University）、威斯康星大学麦迪逊分校（University of Wisconsin-Madison）、普渡大学主校区（Purdue University-Main Campus）、亚利桑那大学（University of Arizona）、加利福尼亚州立大学长滩分校（California State University-Long Beach）、佛罗里达州立大学（Florida State University）等。专业名称并非都为家政学（Home Economics），还包括人类生态学（Human Ecology）、消费者和家庭金融服务（Consumer and Family Financial Services）、人类发展和家庭科学（Human Development and Family Sciences）、个人金融专业的消费科学（Consumer Science with a Specialization in Personal Finance）、家庭研究和人类发展或家庭生活教育（Family Studies and Human Development or Family Life Education）。家政学硕士方向主要涵盖消费科学（Consumer Sciences）、家庭研究（Family Studies）、家庭科学中的消费行为和教育心理学（Consumer Behavior and Educational Psychology with a Focus in Family Science）等。

以得克萨斯州立大学为例，培养目标为培育、激励和引导优化人类环境。通过教授、指导和分享发现和解决方案，以推进家庭与消费科学领域的发展，并为学生的生活做好准备。学院下设消费者事务（Consumer Affairs）、人类发展与家庭科学（Human Development & Family Sciences）、时装销售（Fashion Merchandising）、室内设计（Interior Design）、营养与食品（Nutrition and Foods）五个本科生专业，以及人类营养学（Science in Human Nutrition）、人类发展与家庭科学（Science in Human Development and Family Sciences)两个硕士方向。

与美国相比，瑞典的家政高等教育侧重点明显，主要体现在以下几个方面：一是依据社会发展需要，仅在几所重点大学开办了家政教育专业，如最高学府——乌普萨拉大学、哥德堡大学和于默奥大学，专门培养家政师资；二是家政学科发展有所侧重，食品科学、营养与膳食是家政高等教育的核心；三是普通大学家政专业的培养目标明确，培养家政教师以及高层次家政从业者及研究人员；四是重点发展高等职业教育中的家政相关专业，通过一项名为"高等职业教育改革计划"(Advanced Vocational Education，简称 AVE)的教育培养方案适应劳动力市场需求的高技能人才。

5. 政府对家政教育的支持方面，两国有共性也有不同

在美国，政府自上而下的力量在家政教育的早期发展中起到十分重要的作用，主要体现在立法先行和资金保障。1917 年，美国联邦议会通过《史密斯-休斯法案》，规定联邦政府每年拨款资助各州兴办学院程度以下的职业教育，包括农业、家政和工业；还规定，联邦政府要与各州合作开办农业、家政、商业和工业等科目的师资培训项目，资助开办这类师资培训项目的教育机构。后来的一系列法令也规定家政教育的发展资金由联邦和州政府提供。《1963 年职业教育法》和《1968 年职业教育修正案》规定10%的拨款用于家政知识与技能的职业培训，家政教育经费由三级政府共同承担。美国是市场经济发展成熟的国家，同时，受到联邦体制的影响，教育也体现了这一特征，州与州之间有一定的差异。部分州立大学的家政教育在适应市场需求开办专业的同时，也承担本州培养家政教育教师的任务，得克萨斯州立大学就是如此。

瑞典家政教育最初的发展推动力却有所不同，社会自下而上的各种民间力量、社会思潮及政党活动是重要的推动力。瑞典家政教育首先源

自民间和公众的诉求，围绕家庭这一“私域”，最初的教育目的是改善家庭生活状况，提高女性管理家政的能力，降低工业化和城市化对家庭造成的不利影响。在社会各种力量的作用下，政治和行政的公共领域中反映出私人领域的观点。20 世纪 60 年代后，以社民党为代表的瑞典政府通过制定统一的教育制度，建立了家政教育课程体系。在整个过程中，政府发挥了重要作用，并颁布了统一的政策，由国家教育部统一规范实施。例如中小学家政教育均由中央政府出台课程大纲，又如综合性大学的家政教育由几所顶尖综合性大学承担教师培养和研究职责，高等职业院校则面向产业培养职业所需人才，直到 20 世纪末 21 世纪初，受政党政治的波动，社会政策调整，中央政府将部分权力让渡给地方，家政教育的地方自由度得以扩大。

二、瑞典家政教育的特点

1. 瑞典家政教育拥有丰富的学科内涵，在社会经济发展各领域发挥着重要作用

(1) 家政教育有助于从小培养学生的家庭意识与责任感，构建和谐的家庭关系

重视家庭生活、强调家庭是社会的基础、维持家庭功能的正常运作是瑞典福利国家社会制度的目标之一。在这一目标下，关于家庭的知识被认为是具有社会价值的。由于家政教育在一定程度上配合了福利国家社会制度对家庭建设的需要，也与家政教育从出现之初即与人们对维护美好家庭的愿景不谋而合，因此从 20 世纪 20 年代开始，家政课程就被纳入瑞典公民教育范畴。通过义务教育和高级中学阶段“家庭与消费者科学”课程，学生在学习手工、食物烹饪、家庭清洁、储蓄贷款、购物消费等有关

知识的过程中，熟悉了家庭中需要完成的诸多事项以及完成这些事项的技巧，了解了家庭的功能与作用，认识到家庭与家人的重要性，以期成为具有家庭意识与责任感的家庭成员，从而主动地经营家庭关系，与家庭成员共同建设和谐的家庭生活。

（2）家政教育有助于从小培养学生“男女平等”的意识

早期瑞典的家政教育是基于承认家庭内部男女性别的传统分工理念而对女童和妇女的教育，也即认为家庭劳动的责任主要是由家庭中的妇女承担，课程内容主要是围绕女性家务劳动内容而开展的。瑞典家政教育萌芽期间，即使有建立在研究家庭和家政基础上的公民课男女生都要学习，但其课程内容与女生选修的家政课程有明显区别。直到1962年家政教育正式进入国家义务教育体系并成为男女学生共同的必修科目。通过家政教育的学习，学生开始从两性平等的视角出发思考自身婚姻、育儿、护理、养老的问题，形成支持男女协同发展的观念和行动力。据统计，在全面开展家政教育后，瑞典男性比加拿大、澳大利亚等国家的男性在家务工作中拥有更高的贡献率。

（3）家政教育有助于从小培养学生全面发展

瑞典家政教育除培养学生的家政知识和技能外，还潜移默化间培养了学生的社会责任感、创新能力、审美能力、实践能力等，促进学生全面发展，是人文主义思想引导下的素质教育。一方面，家政教育中处处渗透着可持续发展的理念，培养学生的社会责任感和全球意识。21世纪“家庭和消费者知识”课程的主旨就是通过家庭与消费者知识课程的学习，让学生能够根据可持续发展的社会理念以及生态发展的理念在消费和家庭生活中做出正确的选择和判断，培养学生的社会责任感和全球意识并采取负责任的行动做出可持续食品消费选择，使他们不仅可以对自己的行为负责，而且对地球的未来负责。另一方面，家政教育中的手工课程旨在通过给学生提供适合的机会来锻炼学生的空间想象能力和独立进行手工工作的技能，让学生能够自己设计建构性的任务，在创作活动中发展他们的表现能力，提高他们对形状、色彩和材料的认知，拓宽他们对家庭文化以及手工传统工艺品的审美，在提高创新能力的同时也提升了审美能力、实践能力。

(4) 家政教育有助于从小培养学生的创新意识和动手能力

现代的家政教育不再仅仅局限于某一领域，而是包括了有关家庭管理的经济学、使用科学知识改善环境的人类生态学、烹饪与缝纫等持家本领的教育等。随着时代的进步，覆盖领域更广的家政教育在培育创新型人才、建设创新型国家方面的作用愈发突出。受家政教育的影响，瑞典的创新体系有着不同于其他国家的特点：一是尊重自然，绿色创新。家政教育中的人类生态学使得瑞典人民更加尊重自然、崇尚环境和生态的保护。瑞典是最早实施可持续发展战略的国家之一，国家与政府通过制定严格的政策法规迫使企业不断创新、节能降耗、研发有利于可持续发展的技术和产品。二是顾客至上，服务创新。家政教育中的家庭管理经济学有利于培养与发展为人处世的能力以及协调各方利益的本领，促使瑞典在巩固原有研发优势的基础上，不断拓展服务创新，给国家创新系统注入强大动力。三是独具特色，教育创新。瑞典的学校教育体制非常注重对学生解决实际问题能力的培养。瑞典人从娃娃开始就注重动手能力，因此小学课程设置以培养兴趣为主，小学生在 8 岁前没有考试，除语文、数学和自然等必修课外，家政课和手工课等培养动手能力的课程占据了相当的比重。除此之外，瑞典各级学校课程注重理论与实践并举，培养学生在动手实践中思考，教师在课堂上营造民主自由的氛围，启发学生表达自己的观点，组织小组合作探究和解决问题，这些都有利于学生创新意识和能力的培养。

(5) 家政教育有助于从小培养学生注重且热爱生活，引起全社会对家庭生活及其相关领域的关注

瑞典家政教育是为了实现个人、家庭和社会生活的幸福与和谐而存

在，虽然其不是瑞典教育中规模最大的教育类型，却是最能体现和传承瑞典生活价值观念的教育。家政教育的熏陶使得瑞典人民热爱且注重生活，引起全社会对家庭生活及其相关领域的关注，进而催生了广阔的“家居生活”消费市场，与家庭生活相关的产业经济也十分繁荣。而相关产业的发展又为家政教育体系的完善提供了可能。瑞典家政教育与产业的良好互动，在全球各国中既是特色也形成优势。

(6) 家政教育有助于提高社会大众家庭生活质量

瑞典除在义务教育、高级中学教育、高等教育阶段开展家政教育，在成人教育阶段也开展了独具特色的家政教育。瑞典成人教育兴办之初便体现了其“有教无类”的教育理念，包括学习对象多样化、没有入学资格要求、无年龄界限、无阶层限定、学费低廉及为特殊人群提供学习条件等，这些对于参与家政教育的人们来说无疑是最有利的。参与成人教育的既有年轻人，也有老当益壮的中老年人；既有在职人员，也有失业人员，参与人员在成人教育学校内都有机会满足自身的实际需求。“学习圈”作为瑞典非正规成人教育的重要组成部分。参与“学习圈”的人员中，有36%的参与者年龄在65岁及以上，他们通过家政教育学习手工、木工、烹饪、营养等方面的知识，并将其运用于家庭事务和社会事务中，提高社会大众家庭生活质量。

2. 政府及行业协会的多样化支持，为瑞典家政教育发展创造了良好环境

创造良好的家政教育氛围和环境是至关重要的，瑞典政府及行业协会对家政教育发展提供多样化支持。从瑞典家政教育的发展历程来看(表7-2)，19世纪中后期工业化进程的推进，家和工作场所的分离，使得世世代代传承下来的“手工艺”传统被破坏。在19世纪后半叶兴起的乡村教育运动推动下，为恢复失去的传统，向年轻人传授手工劳动知识，瑞典不少地方开始建立手工艺学校，家政教育开始在瑞典萌芽。瑞典的家政教育不仅肩负着教育女性及家庭的责任，还承担起一定的社会责任，早期面向女性的家政

教育，就通过在几所学校中开设学校厨房，将家政教育与济贫结合起来，并取得一定的成效，因而要求国家承担家政教育责任的呼声越来越高。1882年通过的《小学条例》正式将手工艺列为小学课程的学习科目，这也奠定了20世纪以后瑞典中小学家政课程的基础。1897年，瑞典教育法规首次将家政教育列入其中，但只是作为给女童教育的选修课；1919年，同样是建立在研究家庭和家政基础上的公民课应运而生，公民课不是只面向女童，而是男女学生都要学习。20世纪20年代开始，家政课程被纳入瑞典公民教育范畴。瑞典家政教育的快速发展除了政府政策的推动，还与1909年瑞典家政教师协会成立有关，其不仅组织在各类学校从事家政教育的教师开展活动，还致力于通过刊物扩大宣传，在更大范围上传播家政知识，在瑞典国内家政教育以及与国际家政的沟通交流中扮演着重要角色，但由于政府只将家政教育列为选修课，家政教师协会与政府的关系也不太紧密，影响力还有限，家政教育课程内容以家庭生活技能及家庭事务管理为主，课程设置单一，尚未形成课程体系，课程间也缺乏相互支撑。

表7-2　瑞典家政教育发展阶段

阶段	萌芽阶段（19世纪后半叶至20世纪中期）	建立和发展阶段（二战结束至20世纪80年代末）	成熟阶段（20世纪90年代以来）
侧重点	重实践与技能，培养合格家庭主妇和佣工	引入基础理论知识，家政教育体系基本形成	学科边界愈发清晰，始终适应时代发展
对象	女性	不分性别	不分性别
推动力量	政府出台政策、民间大力推动	政府介入与推动	政府的直接支持相对前期有所减弱
主要内容	家庭生活技能及家庭事务管理	手工、儿童保育与家庭科学	家庭科学中的性别内容并入公民教育课程，主要包括手工、家庭与消费科学

1947 年 1 月，瑞典家政教育全国委员会由几个专业家政教师协会联合成立，同年加入国际家政联盟，瑞典家政教育迈入建立和发展阶段。与之前成立的瑞典家政教师协会不同，瑞典家政教育全国委员会与政府的关系紧密，1991 年前一直作为接受政府领导的官方组织，获得来自政府的经费支持，也接受政府的管理。政府的介入和推动使得瑞典家政教育的改革力度越来越大，对瑞典家政教育发展起到了推波助澜、添砖加瓦的作用。1962 年家政教育正式进入国家义务教育体系并成为所有学生共同的必修科目，高级中学阶段也开设了灵活的家政教育课程，其所需的师资由乌普萨拉大学、哥德堡大学等大学的家政教育学院培养，贯穿义务教育、高级中学教育、高等教育全过程的家政教育体系基本形成。同时，家政教育者们逐渐意识到社会不仅需要重视家政教育的实践知识，还需要科学和理论的支撑，家政教育课程开始融入一定的营养、卫生与健康等的基础理论知识，课程体系也逐渐完善。

20 世纪 90 年代以来，国际社会环境发生了较大变化。一方面，受经济发展缓慢的影响，西欧和北欧国家纷纷削减福利支出，这对各国家政教育及研究都带来不小的波折；另一方面，全球化的发展趋势以及由此引发的更广泛的沟通与交流，对各国家政教育也带来新的发展机遇。受政党政治的波动、社会政策变动、福利支出削减等因素的影响，瑞典家政教育各项活动获得的政府支持被削弱。1991 年，政府停止了对瑞典家政教育全国委员会的拨款，也不再任命主席，委员会因此改组为非政府组织，所需经费主要依靠向不同基金会申请，获得的支持却难以维持之前的活动规模。同时，高等教育发生了较大的变革，家政学研究获得政府资助的力度也有所降低，政府资助主要改为项目形式。尽管政府的直接支持相对前期有所减弱，但由于上一阶段政府的大力支持已使得瑞典家政教育走向成熟阶段，基本实现了家政教育由政府“输血”向自身“造血”的转变，家政教育发展势头较好，学科边界也愈发清晰，始终适应着时代的发展。

3. 瑞典家政教育具有稳定的学科地位，贯穿义务教育至成人教育全过程

瑞典家政教育贯穿义务教育、高级中学教育、高等教育和成人教育四个阶段，将家政学科全面地渗透进各级教育系统，并在多所大学开展了从学士到博士层面的各种教学、科研和社会服务工作，促使家政学成为一门富有强大生命力的学科。同时，不同阶段的家政教育存在良好互动，又进一步支撑了学科发展。如高等教育家政专业为义务教育、高级中学教育、成人教育阶段的家政教育培养了充足的师资；市立成人学校与普通中小学共享家政教育资源，普通中小学中很多家政课程走进市立成人学校，进一步丰富市立成人学校的家政教育类课程，同时降低了学分要求，有利于吸引更多成人参与家政课程的学习。

瑞典根据学生的年龄特征确定了不同阶段家政教育的目标、内容与形式。义务教育阶段的家政教育作为素质教育、生活教育，在瑞典备受重视，以“向学生传授知识并锻炼他们的技能，并与家庭合作，以促进学生发展成为和谐人才，成为自由独立、有能力和有责任感的社会成员”为总目标，主要是培养学生“在家中生活，并激发他们对家庭问题产生兴趣”，因而家政教育课程较多，以必修为主，拥有比较完整的框架，有系统的教学大纲、教材和课时保障。从 20 世纪 60 年代正式进入国家义务教育体系以来，课程计划中虽然有部分改革和调整，但课程始终占据着稳定的学科地位，《2011 年课程计划》(Lgr11)中家政教育课时占义务教育课程总课时的 6.91%。其课程体系结构基本也未有太大的变动，主要包括手工、家庭与消费者科学两类课程，并围绕着家庭、手工技艺、食物、健康以及儿童保育等几个领域而构建，提倡学校与家庭合作，促进学生的全面发展，为培养未来的家庭建设者和社会公民做准备。

在高级中学教育阶段，由于其主要目标是让学生具备升入高等学校继续学习或进入社会参与工作的能力，家政教育课程不再作为一门所有

学生必修的科目开设，其课程内容和教授方式也发生了变化。其中普通科中家政教育课程设置较为灵活，内容在部分核心课程中有少量渗透，从而确保所有学生都能在高中阶段继续学习一些有关生活、健康、环境等的基础家政知识，帮助学生树立科学的生活理念，养成健康的生活方式；同时，《高中条例(2010)》在 2012 年修订时规定，学校在提供个人选修课程时，除了提供学习计划相关的课程，还必须至少提供一门“体育与健康”课程及一门“家庭与消费者知识”课程，“家庭与消费者知识”被确立为面向所有高中生的基础性选修科目，学生可根据兴趣爱好进行选修，满足了不同学生对家政教育的学习需求。职业科由于主要为学生就业打基础，开设的学习计划与社会中的具体职业高度相关。因此相较于普通科，与家政相关的“儿童保育”“健康和社会照顾”“餐馆管理与食物”“酒店和旅游”国家课程中以必修和选修相结合、理论与实践相结合的方式开设了较多分支课程，内容更丰富、针对性更强、指向就业的目的也更加明确，其毕业生除直接进入家庭从事家庭劳务服务外，还有很多从事营养师、食品公司开发、服装设计、健康保健等工作。由此可见，瑞典高级中学阶段既完成了家政教育从义务教育到高等教育阶段的过渡和衔接，又体现出家政教育的职业培训价值，不断为社会输送高素质家政人才，为瑞典家政服务业发展注入坚实力量。

瑞典具有完备的高等家政教育学科体系，高等教育机构中不少都开设家政相关专业，除设置本科、专科外，还设有硕士、副博士、博士学位，学科体系完善，满足不同层次家政人才培养的需要。在本科阶段，家政教育课程侧重家庭与消费者知识的理论与实际应用，主要涵盖饮食、营养与健康、消费和经济等领域，为义务教育、高级中学教育阶段培养了一批批优秀的家政教育教师；在研究生教育阶段，学生会在家政教育领域选取特定方向进行深入学习，开展深入研究，致力于成为家政教育某一领域的专家，为推动家政学科发展提供智库支撑。

瑞典除在义务教育、高级中学教育、高等教育阶段开展家政教育，在成人教育阶段也开展了独具特色的家政教育，旨在为学习者普及家政知识或培训技能适应相关工作，灵活多样的组织形式和贴近经济社会的学习内容使成人教育成为瑞典家政教育的重要平台。正规成人教育中的家政教育主要是为学员提供参加工作与社会生活所需的知识和技能，以便在更高水平继续学习或掌握应变的职业能力，为社会培养了大量的家政服务人员，有效地解决了失业再就业难题。非正规教育与正规教育紧密相联，形成了完整的终身教育体系。“学习圈”作为瑞典非正规成人教育中的重要组成部分，参与“学习圈”的人员中，有36％的参与者年龄在65岁及以上，他们通过家政教育学习手工、木工、烹饪、营养等方面的知识，了解改善家庭生活质量的方法，并将其运用于家庭事务和社会事务中，提高社会大众家庭生活质量。

值得注意的是，瑞典十分注重成人教育与义务教育、高级中学教育间的“互联互通”。在办学形式上，很多市立成人教育学校与普通中小学校共享校舍、教学设备与师资等教育资源，普通中小学中的家政课程得以走进市立成人学校，进一步丰富了成人教育阶段的家政教育课程，同时降低了学分要求，有利于吸引更多成人参与家政课程的学习，促进家政教育的发展。

4. 瑞典家政教育具有多种特性

(1) 家政教育兼具通识性和专业性

一方面，义务教育阶段和高级中学教育阶段的普通科中的家政教育属于素质教育、生活教育，具有显著的通识性。其不以就业为导向，教学内容广，致力于培养学生的生活自理能力，逐步养成良好的生活习惯、良好的家庭伦理道德，从而逐步增强对家庭、工作和社会生活的责任感和实践能力，为未来成为家庭建设者和社会公民打下坚实基础。成人教育阶段的家政教育属于家政推广教育，也具有较强的通识性，旨在为学习者讲授手工、木工、烹饪、营养等方面的知识，鼓励学习者将其运用于家庭事务和社会事务中，在家庭经营与管理、家风传承等方面发挥积极作用。另一方面，高级中学教育阶段的职业科和高等教育阶段的家政教育属于家政职业教育和专业教育，具有显著的专业性。其以就业和推动学科发展为导向，学习内容更加细化。其中，高级中学教育阶段的职业科始终面向真实的生活世界和职业世界，以培养学生的家政服务技能、实现社会就业为目的，致力于为学生提供能够适应社会经济发展和市场要求的各种专业化家政知识和技能，为社会储备懂知识、有技能、高素质的家政从业人员后备力量。高等教育阶段的家政教育专业性更强，侧重于家庭与消费者知识的理论与实际应用，在为社会培养家政教师的同时，推动家政学学科创新发展。

(2) 家政教育兼具渐进性和时空性

一方面，瑞典家政教育课程内容具有渐进性和系统性。瑞典家政教育在义务教育阶段设有独立的必修课，高中教育阶段的普通科设有选修课，有充足的课时保障，其课程内容具有体系性和渐进性。以《2011年课程计划》(Lgr11)为例，家政教育包括手工、家庭与消费者知识两门独立的课程，其作为必修课程从一年级一直持续到九年级，体系化和渐进性的课程，使得家政教育有广度上的覆盖，也有深度上探究。在各学期、学年、学段之间，学习内容和学习方法上容易产生有机衔接与联系，对学生的能力要求也层层递进，从"熟悉与了解"到"操作与描述"再到"创新与思考"，满足了不同年龄阶段学生的发展需求。如在手工课程的"工艺流程"模块，1～3年级主要是了解如何获取和使用材料、器械和工具，通过思考、演示、交流等方式了解工作流程的各环节；4～6年级需要将各环节合为一个整体，并描述工作流程；7～9年级则有了更高的要求，强调自由设计、体现个人风格，需要学生学会制订工作计划、预计工作步骤、设计草图或构造模型，并能够用不同的解决方案和创造性的方法来解决新问题。在家庭与消费者知识课程的"食物、饮食与健康"中，1～6年级的课程内容主要包括学习阅读和遵照食谱、了解不同的烘焙和烹饪方法、熟悉厨具的功能及如何安全使用、了解如何在处理烹饪和保存食物时的卫生与清洁、掌握如何在一天内合理分配膳食等内容。对7～9年级的学生则有了更高的要求，将知识的学习接受、批判性思考及探究性学习有机融合，学生除了要学会比较不同的食谱，还需要学会自创食谱；对于不同的烘焙和烹饪方法，学生则要加以比较并了解不同的选择所带来的影响和结果；另外学生还需要掌握如何对饮食进行安排和组合来满足不同的能量和营养需求，以及饮食对于培养群体感和幸福感的重要意义。

另一方面，瑞典家政教育的课程内容具有时序性和空间性。时序性体现在其立足于现在的生活，回溯过去，展望未来，培养学生的终身视角。空间性体现在其以自己为圆心，向家庭、社区、国家乃至全球拓展，培养学生的世界眼光和家国情怀，对于思考和分析日常生活中的问题以及明晰自身与社会的关系起到积极作用。如家政与消费者科学课程中的"环境和生活方式"模块中，在时间上，回顾了不同饮食传统的起源和意义，展望了可持续理念下未来的饮食的发展；在空间上首先教会学生如何进行家庭商品与服务的选择，然后进一步将家庭商品与服务的选择与地球环境联系起来，有利于学生在探寻和解决生活问题的过程中拥有广阔的视野。又如在手工课程中，低年级的学生主要是学会用不同的材料和方法制作手工艺品，教学内容在时空上集中在"现在"和"个人/家庭"，中年级和高年级阶段的学生还需进一步了解不同文化、不同时期以及不同国家的手工艺及其民族与文化特点，用可持续的眼光审视不同材料及其生产方式，教学内容在时空上进一步拓展至"过去""未来"及"社区""瑞典""全球"。

(3) 家政教育兼具时代性和本土性

一方面，瑞典家政教育具有显著的时代性，始终适应时代发展。首先，当代社会被诸多研究者称为"消费社会"，人类社会从以生产为中心的模式，转向以消费为中心。受享乐主义和消费主义文化价值观的影响，过度消费或奢侈消费为表现形式的异化消费愈演愈烈，引发了拜金主义、享乐主义的盛行，造成了道德滑坡乃至犯罪等一系列问题。其次，环境问题是全球关注的热点，重视环保、树立环境与人类和谐发展新理念理应成为当代公民的必修课。最后，人民随着生活水平的提高，对膳食营养、食品安全与健康的诉求也越来越高。为应对社会发展中的新变化、新趋势，瑞典家政教育不断地注入新元素以适应时代的发展。如在 2011 年义务教育课程计划中，为突出消费者教育的目标，将“家庭科学”课程改名为“家庭和消费者知识”，进一步培养学生的金融、储蓄和消费观念；为突出可持续发展的理念，更加注重环境教育，旨在提高学生的环境意识，培养可持续发展的思维方式；同时，在课程中也增加了许多食品与健康的理论知识，更好满足人民对健康的需求。另一方面，瑞典家政教育还具有显著的本土性，饱含瑞典文化。瑞典人将家庭视为生活的基础支柱，注重家庭生活的质量，家政教育是学校和家长都十分重视并能提升学生综合素质的一门学科。课程设置从现实出发，注重日常生活中所需技能的传授并结合瑞典文化背景，满足人们现实需要。如在家居方面，以宜家为首的瑞典家居设计品牌已将北欧风的家装风格带到了世界各地，与其他家居品牌不同，为提供种类繁多、美观实用、老百姓买得起的家居用品，宜家创新性地采用平板包装，家具需要消费者自己组装。家政教育中手工课程的开设，满足了学生生活中的技能要求。又如在“家庭和消费者科学”课程中，教师会向学生介绍瑞典当地的传统饮食，还会经常组织学生参加一些制作肉丸、煎饼等本国传统食品的活动，以培养学生的乡土感情。

(4) 家政教育兼具理论性和实践性

瑞典家政教育的课程兼具理论性和实践性，不仅有基础理论和知识的教学，而且十分重视技能与实践训练，旨在帮助学生理论联系实践，获得全面的发展。在义务教育阶段和高级中学教育阶段的普通科中，无论是手工课程还是家庭与消费者知识课程都安排有理论课时和实践课时，其中理论课时让学生了解了家政所涉及各个活动的专业理论背景以及社会意义，促进学生的感知力和理解力的发展；实践课时重视体验学习，除在学校的工作坊参与实践外，还会组织学生到不同场所参观，旨在培养学生的实践动手能力和观察思考能力。如在“家庭与消费者知识”的“食物、饮食与健康”模块中，学生在学习健康饮食的基本原理、营养需求、食物的营养构成、营养与疾病、人类的饮食习惯构成以及饮食传统文化等理论知识的同时，还要学习烹饪烘焙的实际技能，到乳制品生产、磨坊、肉类或鱼类商店等不同的场所进行参观、学习与观察。在高级中学阶段的职业科中，家政教育也兼具理论性和实践性。根据瑞典 2011 年新课程改革颁布的课程计划 Gy11，家政类课程计划中所设置的课程除必修专业理论知识外，还增加英语、瑞典语、自然科学、社会科学等基础科目的学习要求，更加重视对未来家政从业人员文化素质的培养。同时，为了提升人才培养质量和满足行业需求，除仍然要求学生至少有 15 周时间要在工作场所中外，Gy11 改革还引入了学徒计划，参加学徒计划的学生从开始学徒培训起，至少 50％的时间要在企业。同样地，高等教育阶段的家政教育也兼具理论性和实践性，在课程设置中明确了理论和实践课程的课时。

三、瑞典家政教育对新时代中国家政教育发展的启示

1. 在观念上，要深刻认识新时代开展家政教育对我国经济社会高质量发展的重要意义

瑞典家政教育除专业教育外，本质上还是一种素质教育，是促进人全面发展、促进社会发展进步的基础性教育；其本质上还是一种生活教育，事关生命全周期的方方面面。瑞典的经验启迪我们，要深刻认识新时代开展家政教育对我国经济社会高质量发展的重要意义，立足中国国情，把握育人导向、遵循教育规律、体现时代特征、强化综合实施，积极探索具有

中国特色的家政教育模式，构建家政教育体系。

(1) 开展家政教育对引导学生承担家庭责任、树立良好家风具有重要意义

中共中央高度重视家庭、家教、家风建设，指出要“引导人们自觉承担家庭责任、树立良好家风”。2021 年 9 月出台的“新两纲”首次增加了“儿童与家庭”“妇女与家庭建设”两节，提出要“教育引导儿童增强家庭和社会责任意识，鼓励儿童自我选择、自我管理、自我服务，参与力所能及的家务劳动，培养劳动习惯，提高劳动技能”，还提出要“促进男女平等分担家务，倡导夫妻在家务劳动中分工配合，共同承担照料陪伴子女老人、教育子女、料理家务等家庭责任，缩小两性家务劳动时间差距”。2021 年 10 月，《中华人民共和国家庭教育促进法》的出台也是为了发扬中华民族重视家庭教育的优良传统，引导全社会注重家庭、家风、家教，增进家庭幸福与社会和谐。

瑞典的经验启迪我们，开展家政教育有助于让学生了解家庭中需要完成的诸多事项及其技巧、了解家庭的功能与作用、认识家庭与家人的重要性，培养学生的家庭意识与责任感；同时有助于培养学生“男女平等”的意识，形成支持男女协同发展的观念和行动力，与我国重视家庭家教家风高度契合。因此，新时代背景下开展家政教育对引导学生承担家庭责任、树立良好家风具有重要意义。

(2) 开展家政教育对落实“立德树人”根本任务、培养德智体美劳全面发展的社会主义建设者和接班人具有重要意义

习近平总书记一贯高度重视培养社会主义建设者和接班人，明确“要坚持社会主义办学方向，把立德树人作为教育的根本任务”，还指出“要努力构建德智体美劳全面培养的教育体系”。

瑞典的经验启示我们，开展家政教育除培养学生的家政知识和技能外，还潜移默化间培养了学生的社会责任感、创新能力、审美能力、实践能

力等，促进学生全面发展，是人文主义思想引导下的素质教育，与我国“立德树人”“五育并举”的教育方针高度契合。因此，新时代背景下开展家政教育对落实“立德树人”根本任务、培养德智体美劳全面发展的社会主义建设者和接班人具有重要意义。

（3）开展家政教育对培育创新型人才、建设创新型国家具有重要意义

中共十九大报告指出，要加快建设创新型国家，把创新作为发展的第一动力。“十四五”规划和 2035 年远景目标纲要提出：“深化新时代教育评价改革，建立健全教育评价制度和机制，发展素质教育，更加注重学生爱国情怀、创新精神和健康人格培养。”

瑞典的经验启迪我们，开展家政教育有助于不断引导学生树立科学精神、培养创新思维、挖掘创新潜能、提高创新能力，与我国建设创新型国家高度契合。因此，新时代背景下开展家政教育对培育创新型人才、建设创新型国家具有重要作用。

（4）开展家政教育对激发消费活力、有效扩大内需具有重要意义

中共十九届五中全会做出“加快构建以国内大循环为主体、国内国际双循环相互促进的新发展格局”的重要部署。作为一个系统工程，扩大内需是构建新发展格局必须紧紧抓住的战略支点。据统计，2021 年我国居民人均生活用品及服务消费为 1 423 元，仅占人均消费支出的 5.9%，是居民用于满足家庭日常生活消费中最低的，市场空间广阔、发展潜力巨大，对扩大内需具有重要作用。

瑞典的经验启迪我们，开展家政教育有助于从小培养学生注重且热爱生活、引起全社会对家庭生活及其相关领域的关注，与我国扩大内需战略高度契合。因此，新时代背景下开展家政教育对满足人民群众美好生活的需要同时激发消费活力、有效扩大内需具有重要意义。

（5）开展家政教育对提高家庭生活质量、积极应对老龄化具有重要意义

近年来，随着物质条件的不断提升，越来越多的家庭在精神上有了更高的向往，期望提高家庭生活质量。开展家政教育有助于社会大众将家政学知识运用于家庭事务和社会事务，提高家庭生活质量。同时，随着医疗卫生条件的改善和人事干部制度的改革，越来越多的老年人从一线退了下来，赋闲在家。老年人有丰富的生活经验和工作经验，不仅可以在现代化建设中发挥余热，还可以在调节家庭生活方面起重要的作用。2021年11月印发的《中共中央 国务院关于加强新时代老龄工作的意见》也提出要"促进老年人社会参与，扩大老年教育资源供给，鼓励老年人在家庭教育、家风传承等方面发挥积极作用"。

瑞典的经验启迪我们，家政教育的对象不限于未成年人，家政学是适合各种年龄阶段的学问，是终身教育的一部分，有助于社会大众将所学知识运用于家庭事务和社会事务中，提高社会大众家庭生活质量，也有助于老年人丰富晚年生活、保持健康心态和进取精神。因此，新时代背景下开展家政教育对提高家庭生活质量、积极应对老龄化具有重要意义。

2. 在地位上，新时代家政教育应构建贯通各阶段的教育体系，全过程育人

在我国的基础教育阶段，家政教育是劳动教育的重要组成部分，是劳动教育的起点和第一空间。2020年，教育部印发《大中小学劳动教育指导纲要（试行）》，劳动教育被纳入我国人才培养体系中，成为德、智、体、美、劳"五育"格局中的一环。《纲要》提出，在大中小学设立劳动教育，内容主要包括日常生活劳动、生产劳动和服务性劳动中的知识、技能与价值观。其中日常生活劳动立足学生个人生活事务处理，涉及衣、食、住、行、用等方面，注重培养学生的生活能力和良好卫生习惯，树立自理、自立、自强意识。

从表7－3可以看出，小学低年级阶段劳动教育要求以个人生活起居为主要内容，具体内容中的"完成个人物品整理、清洗，进行简单的家庭清扫和垃圾分类等，树立自己的事情自己做的意识，提高生活自理能力"和

"进行简单手工制作，照顾身边的动植物，关爱生命，热爱自然"都包含家政元素；小学中高年级阶段要求以校园劳动和家庭劳动为主要内容开展劳动教育，具体内容中的"参与家居清洁、收纳整理，制作简单的家常餐等，每年学会1～2项生活技能，增强生活自理能力和勤俭节约意识，培养家庭责任感"家政教育指向明确；初中阶段劳动教育的要求明确指出要兼顾家政学习、校内外生产劳动和服务性劳动，其中"承担一定的家庭日常清洁、烹饪、家居美化等劳动，进一步培养生活自理能力和习惯，增强家庭责任意识"和"适当体验包括金工、木工、电工、陶艺、布艺等项目在内的劳动及传统工艺制作过程，尝试家用器具、家具、电器的简单修理"中家政教育的指向也十分明确；普通高中劳动教育中的具体内容也指出要"持续开展日常生活劳动，增强生活自理能力，固化良好劳动习惯"。由此可以看出，贯穿在劳动教育中的家政教育迎来了大发展的春天。

表7－3　我国劳动教育各学段要求

学段		要求	具体内容
小学	低年级	以个人生活起居为主要内容，开展劳动教育，注重培养劳动意识和劳动安全意识，使学生懂得人人都要劳动，感知劳动乐趣，爱惜劳动成果。	(1) 完成个人物品整理、清洗，进行简单的家庭清扫和垃圾分类等，树立自己的事情自己做的意识，提高生活自理能力； (2) 参与适当的班级集体劳动，主动维护教室内外环境卫生等，培养集体荣誉感； (3) 进行简单手工制作，照顾身边的动植物，关爱生命，热爱自然。
	中高年级	以校园劳动和家庭劳动为主要内容开展劳动教育，体会劳动光荣，尊重普通劳动者，初步养成热爱劳动、热爱生活的态度。	(1) 参与家居清洁、收纳整理，制作简单的家常餐等，每年学会1～2项生活技能，增强生活自理能力和勤俭节约意识，培养家庭责任感； (2) 参加校园卫生保洁、垃圾分类处理、绿化美化等，适当参加社区环保、公共卫生等力所能及的公益劳动，增强公共服务意识； (3) 初步体验种植、养殖、手工制作等简单的生产劳动，初步学会与他人合作劳动，懂得生活用品、食品来之不易，珍惜劳动成果。

(续表)

学段	要求	具体内容
初中	兼顾家政学习、校内外生产劳动、服务性劳动,安排劳动教育内容,开展职业启蒙教育,体会劳动创造美好生活,养成认真负责、吃苦耐劳的劳动品质和安全意识,增强公共服务意识和担当精神。	(1) 承担一定的家庭日常清洁、烹饪、家居美化等劳动,进一步培养生活自理能力和习惯,增强家庭责任意识; (2) 定期开展校园包干区域保洁和美化,以及助残、敬老、扶弱等服务性劳动,初步形成对学校、社区负责任的态度和社会公德意识; (3) 适当体验包括金工、木工、电工、陶艺、布艺等项目在内的劳动及传统工艺制作过程,尝试家用器具、家具、电器的简单修理,参与种植、养殖等生产活动,学习相关技术,获得初步的职业体验,形成初步的生涯规划意识。
普通高中	注重围绕丰富职业体验,开展服务性劳动和生产劳动,理解劳动创造价值,接受锻炼、磨炼意志,具有劳动自立意识和主动服务他人、服务社会的情怀。	(1) 持续开展日常生活劳动,增强生活自理能力,固化良好劳动习惯; (2) 选择服务性岗位,经历真实的岗位工作过程,获得真切的职业体验,培养职业兴趣;积极参加大型赛事、社区建设、环境保护等公益活动、志愿服务,强化社会责任意识和奉献精神; (3) 统筹劳动教育与通用技术课程相关内容,从工业、农业、现代服务业以及中华优秀传统文化特色项目中,自主选择1～2项生产劳动,经历完整的实践过程,提高创意物化能力,养成吃苦耐劳、精益求精的品质,增强生涯规划的意识和能力。
职业院校	重点结合专业特点,增强职业荣誉感和责任感,提高职业劳动技能水平,培育积极向上的劳动精神和认真负责的劳动态度。	(1) 持续开展日常生活劳动,自我管理生活,提高劳动自立自强的意识和能力; (2) 定期开展校内外公益服务性劳动,做好校园环境秩序维护,运用专业技能为社会、为他人提供相关公益服务,培育社会公德,厚植爱国爱民的情怀; (3) 依托实习实训,参与真实的生产劳动和服务性劳动,增强职业认同感和劳动自豪感,提升创意物化能力,培育不断探索、精益求精、追求卓越的工匠精神和爱岗敬业的劳动态度,坚信“三百六十行,行行出状元”,体认劳动不分贵贱,任何职业都很光荣,都能出彩。

（续表）

学段	要求	具体内容
普通高等学校	强化马克思主义劳动观教育，注重围绕创新创业，结合学科专业开展生产劳动和服务性劳动，积累职业经验，培育创造性劳动能力和诚实守信的合法劳动意识。	(1) 掌握通用劳动科学知识，深刻理解马克思主义劳动观和社会主义劳动关系，树立正确的择业就业创业观，具有到艰苦地区和行业工作的奋斗精神； (2) 巩固良好日常生活劳动习惯，自觉做好宿舍卫生保洁，独立处理个人生活事务，积极参加勤工助学活动，提高劳动自立自强能力； (3) 强化服务性劳动，自觉参与教室、食堂、校园场所的卫生保洁、绿化美化和管理服务等，结合"三支一扶"、大学生志愿服务西部计划、"青年红色筑梦之旅""三下乡"等社会实践活动开展服务性劳动，强化公共服务意识和面对重大疫情、灾害等危机主动作为的奉献精神； (4) 重视生产劳动锻炼，积极参加实习实训、专业服务和创新创业活动，重视新知识、新技术、新工艺、新方法的运用，提高在生产实践中发现问题和创造性解决问题的能力，在动手实践的过程中创造有价值的物化劳动成果。

资料来源：大中小学劳动教育指导纲要（试行），2020。

2022 年 4 月，教育部印发《义务教育课程方案》，将义务教育阶段的劳动教育从原来的综合实践活动课程中完全独立出来，并颁布《义务教育劳动课程标准（2022 年版）》，要求劳动课程平均每周不少于 1 课时，"中小学生要学烹饪""劳动课要学做饭修家电"一时成为社会热议的话题。《义务教育劳动课程标准（2022 年版）》围绕日常生活劳动、生产劳动和服务性劳动三部分内容设置了 10 个任务群（图 7－1），其中日常生活劳动中的清洁与卫生、整理与收纳、烹饪与营养、家用器具使用与维护 4 个任务群和生产劳动中的传统工艺制作任务群均包含家政教育的内容。其中，清洁与卫生覆盖 1～4 年级、家用电器使用与维护覆盖 3～9 年级，整理与收纳、烹饪与营养、传统工艺制作覆盖义务教育全阶段（1～9 年级）。

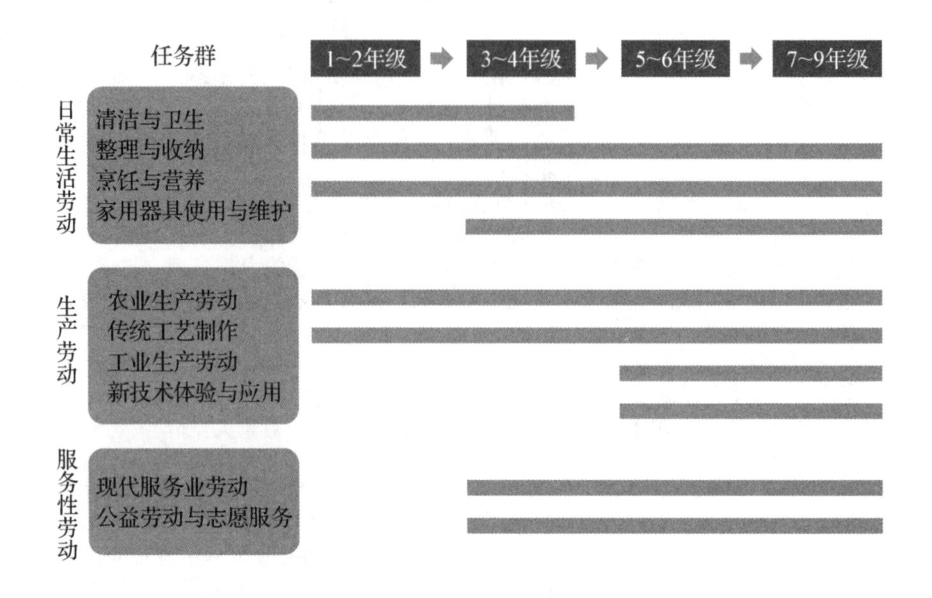

图 7－1　劳动课程内容结构示意图

资料来源：义务教育劳动课程标准（2022 年版）。

《义务教育劳动课程标准（2022 年版）》还根据学生的身心发育规律，制定了一个由易到难、由简到繁的内容体系，详细规定了各任务群在不同学段的内容要求、素养表现与活动建议，具有渐进性的特点。以覆盖全学段的烹饪与营养任务群为例（表 7－4），从第一学段（1～2 年级）要求“参与简单的家庭烹饪劳动”到第二学段（3～4 年级）要求“使用简单的烹饪器具对食材进行切配”到第三学段（5～6 年级）要求“用简单的炒、煎、炖等烹饪方法制作 2～3 道家常菜”再到第四学段（7～9 年级）要求“独立制作午餐或晚餐中的 3～4 道菜”，无不体现着课程内容的渐进性，为在劳动课程中开展家政教育提供了强有力的保障。

表 7-4　烹饪与营养任务群各学段内容要求、素养表现与活动建议

学段	内容要求	素养表现	活动建议
第一学段（1～2年级）	参与简单的家庭烹饪劳动，如择菜、洗菜等食材粗加工，根据需要选择合适的工具削水果皮，用合适的器皿冲泡饮品。初步了解蔬菜、水果、饮品等食物的营养价值和科学的食用方法。	能在家庭烹饪劳动中进行简单的食材粗加工，掌握日常简单烹饪工具、器皿的使用方法和注意事项。具有安全劳动意识，以及“自己的事情自己做”的生活自理意识。初步具有科学处理果蔬、制作饮品的意识和能力。	通过家校结合的方式开展本任务群活动。可以在教室开展削水果皮、泡茶等学习活动，鼓励学生尝试做水果茶，品尝水果、饮品的美味，感受劳动的甜美；在体验的基础上，组织学生互相交流，了解水果、饮品的营养价值，总结器皿等工具的使用方法和注意事项。有条件的学校可利用食堂资源，组织开展剥毛豆、择韭菜等活动。引导家长督促、鼓励学生在家练习烹饪技能，有始有终地开展家务劳动。
第二学段（3～4年级）	使用简单的烹饪器具对食材进行切配，按照一般流程制作凉拌菜、拼盘，学习用蒸、煮方法加工食材。例如：用油、盐、酱油、醋等调料制作凉拌黄瓜；将几种水果削皮去核并做成水果拼盘；加热馒头、包子等面食；煮鸡蛋、水饺等。加工过程中注意卫生、安全。	能用简单的凉拌、蒸、煮等烹饪方法，满足自己基本的饮食需求。形成生活自理能力，初步建立健康饮食的观念。具有初步的食品安全意识。能正确认识烹饪劳动的价值，形成热爱劳动、尊重普通劳动者的观念。	以“我会做早餐”“厨房新人秀”等活动开启本任务群的学习。在真实体验的基础上，让学生交流分享经验，总结不同烹饪方法的制作要求、注意事项。有条件的学校可以组织学生在校实践，互相观摩学习，逐步掌握简单的日常烹饪技术。

(续表)

学段	内容要求	素养表现	活动建议
第三学段（5～6年级）	用简单的炒、煎、炖等烹饪方法制作2～3道家常菜，如西红柿炒鸡蛋、煎鸡蛋、炖骨头汤等，参与从择菜、洗菜到烧菜、装盘的完整过程。能根据家人需求设计一顿午餐或晚餐的营养食谱，了解不同烹饪方法与食物营养的关系。	能进行家庭餐食的设计和营养搭配，并掌握简单的烹饪方法。初步养成营养搭配和健康饮食的习惯，具有食品安全意识。树立乐于为家人服务的劳动观念，初步形成家庭责任感。	通过现场观察、观看视频等方式，学生直观感受炒、煎、炖三种烹饪方法的特点，并结合日常生活经验，交流不同烹饪方法的要点、难点，以及烹饪与营养的关系。有条件的学校可在校内让学生实践体验，没有条件的学校可让学生在家长指导下操作。
第四学段（7～9年级）	根据家庭成员身体健康状况、饮食特点等设计一日三餐的食谱，注意三餐营养的合理搭配。独立制作午餐或晚餐中的3～4道菜。了解科学膳食与身体健康的密切关系，增进对中华饮食文化的了解，尊重从事餐饮工作的普通劳动者。	能根据家庭成员实际需求设计食谱、合理搭配饮食，在制作菜肴的过程中进一步掌握日常烹饪技能，形成健康生活的理念和基本能力。理解劳动对于个人生活、家庭幸福的意义，懂得劳动创造美好生活的道理。	结合家政领域的职业体验开展本任务群的学习与实践。选择餐饮文化案例进行分析和交流，了解不同地域的饮食文化和特点。开展调查研究，了解个人和家庭的饮食习惯与膳食结构特点。结合调研结果，根据家庭成员需要，设计一日三餐的食谱，并独立完成3～4道菜的制作。在劳动实践的基础上，请家庭成员给予评价，学生记录学习心得，在全班交流分享。设计活动时，不仅要关注单项技能的掌握，更要关注综合思维能力的培养，还应渗透对饮食文化的学习和了解。

资料来源：义务教育劳动课程标准(2022年版)。

在高中阶段，根据2020年教育部印发的《普通高中课程方案(2017年版2020年修订)》，劳动课程也被纳入必修课，共6学分，其中志愿服务2学分，在课外时间进行；其余4学分内容与通用技术的选择性必修内容以及校本课程内容统筹。从《普通高中通用技术课程标准(2017 年版 2020 年修订)》可以看出,家政教育的内容主要体现在通用技术课程中的选择性必修课程“技术与生活系列”中。如表 7-5 所示,“技术与生活系列”包括“现代家政技术”“服装及其设计”“智能家居应用设计”3 个模块。“现代家政技术”模块是基于日常家庭生活及其管理的常用技术,旨在帮助学生掌握常见的、与家庭生活相关的技术知识与技能,初步形成科学地利用技术创造美好生活的意识与能力;“服装及其设计”模块旨在促进学生感知日常生活中技术的丰富性,进一步理解与运用技术思想和方法,感受服装设计所蕴含的文化艺术,加深学生对技术人文性的领悟;“智能家居应用设计”模块旨在为学生感受先进技术在家庭生活中的运用提供一个集通信、计算、控制于一体的应用性学习窗口。

表 7-5　通用技术课程选择性必修“技术与生活系列”包含的模块及单元

模块	单元
现代家政技术	家政概述
	家庭管理与技术
	家庭理财与技术
	家庭保健与技术
服装及其设计	服装与文化
	服装与材料
	服务与结构
	服装与制作
智能家居应用设计	智能家居架构与功能
	智能家居与物联通信
	智能家居简易产品设计
	智能家居系统设计与实现

资料来源:普通高中通用技术课程标准(2017 年版 2020 年修订)。

从模块名就含有“家政”一词的“现代家政技术”主要内容来看，其包括 9 个方面的内容。一是分析和评价一些典型的国内外家政理念，运用案例说明技术发展影响家庭生活方式变化的多重意义。二是理解家庭管理的内容和特点，运用信息技术、智能控制技术等为改进家庭事务管理、家庭环境管理设计相应的方案，说明家庭人际关系在家庭管理中的作用。三是熟悉家庭常用电器、家具的技术构成及主要技术参数，对家庭选择、购买、维护常用电器、工具及家具等提出方案，对家庭装修和装饰方案进行个性化设计。四是分析影响家庭理财方式和效率的因素，结合模拟情境或家庭的具体情况，运用理财软件进行合理理财方式和家庭财产管理方案的设计，并加以实施。五是运用相应技术及软件工具分析家庭收入与支出的构成，并根据家庭的具体情况，编制家庭收支预算表、支出明细表、家庭收支平衡表等。六是结合家庭状况分析家庭消费结构，对各种常见家用消费品的广告与信息进行理性辨析。通过对影响消费动机主要因素的分析，识别现代技术条件下不健康的消费心理与行为，为自己和家庭制订合理的消费计划。七是知道智能穿戴和现代医疗技术的最新发展，识别一些新兴的医疗与保健技术以及家庭常用的保健设备，在医生指导下进行医疗与保健技术的交流与评价，培养关心、照顾家庭成员的责任感。八是运用技术工具对家庭的事故隐患进行检查，及时发现家庭事故隐患，并采取相应的防范措施和技术支持。九是说明造成家庭内外环境污染的因素和保护家庭环境的技术措施，运用一些技术方法防范和消除家庭的内外环境污染，增强家庭环保意识。

《普通高中通用技术课程标准(2017 年版 2020 年修订)》的制定为高中阶段在劳动教育体系下开展家政教育擘画了美好蓝图。但“技术与生活系列”课程作为通用技术课程的选修课，在一切为高考让步的环境下，可谓边缘的边缘。课程的开设是没有保障的，只有极少数的学校开设了这门选修课，而绝大多数高中学生从没见过教材，有些学生连课程名称都未听说过，把美好蓝图变为现实还有很长一段路要走。

基础教育阶段的家政教育贯穿在劳动教育中，属于素质教育。职业教育阶段的家政教育主要是对家政相关专业的学生进行职业教育。近年来职业教育中出现了家政专业兴起的势头，截至 2020 年年底，全国共 122 所院校开设了 125 个家政服务与管理专科高职层次专业，其中进入国家双高计划建设单位行列的高职 4 所（长沙民政职业技术学院、河北工业职业技术学院、黄冈职业技术学院和安徽商贸职业技术学院），入选国家骨干专业的院校 2 所（清远职业技术学院和菏泽家政职业学院）。家政服务与管理专业培养具有现代家庭服务与管理理念，具有岗位任职要求必备的现代家政服务与管理专业理论知识，熟练掌握家庭实际操作技能，特别是母婴护理、家庭教育技能，培养现代家庭服务业发展需要的可持续发展的高素质和高技能型专门人才，属于就业导向的职业技能教育。与此同时，《大中小学劳动教育指导纲要（试行）》指出职业院校要重点结合专业特点，增强职业荣誉感和责任感，提高职业劳动技能水平，培育积极向上的劳动精神和认真负责的劳动态度，也为培养高素质和高技能型家政人才奠定了良好基础（表 7 - 3）。但目前职业教育阶段的家政教育还存在发展规模小、办学水平低等问题，招生之困、教学之困等严重制约着高素质家政人才培养。一方面，其面临招生之困，“社会需求热、高校培养冷”的问题未能破解。尽管强大的家政服务需求催生了一大批高校特别是职业院校开设家政服务类专业，但学生乃至社会对家政服务员这一职业缺乏价值认同。加之家政服务业发展尚缺乏相应的制度体系，学生及家长对家政专业的内心排斥使得家政专业实际招生率普遍较低。另一方面，其面临教学之困，人才培养与产业需求“两张皮”的现象较为突出。我国的家政教育起步较晚，家政专业出身的教师非常少，且很多都未曾深入家政服务一线，导致教学质量不高；同时，随着经济社会的发展，家政服务的需求日新月异，家政职业教育的课程体系存在教学内容与实际需求相脱节、理论与实践相脱节等问题，难以满足企业和社会的需求。

我国高等教育阶段的家政教育主要包括专业教育和通识教育。专业教育方面，我国在2012年就将家政学专业列入了《普通高等学校本科专业目录》，2019年6月国务院办公厅印发的《关于促进家政服务业提质扩容的意见》要求原则上每个省至少有一所本科高校和若干职业院校开设家政相关专业，但目前我国开设家政学专业的本科院校较少，仅有吉林农业大学、河北师范大学、浙江树人学院、湖南女子学院、郑州师范学院、聊城大学东昌学院等十余所大学。由于传统观念的制约和家政教育的断层，家政教育存在生源数量下降、学生就业满意度低等现象。同时，我国家政学专业的硕士点数量少之又少，仅有南京师范大学、河北师范大学、吉林农业大学3个，博士点更是没有。鉴于此，目前对我国家政学科的研究数量较少、层次较低，学科理论基础薄弱，较难推动学科可持续发展，也较难为其他阶段开展家政教育提供理论支撑。通识教育方面，家政教育在劳动教育中有所体现(表7-3)，但与中小学阶段相比，高等院校的劳动教育主要强调结合学科专业开展生产劳动和服务性劳动，积累职业经验，培育创造性劳动能力和诚实守信的合法劳动意识，而“家政”元素相对较少。

社会教育阶段的家政教育主要是对家政服务从业者的岗前或在岗培训，对大众的普及教育较少。目前，我国进行家政职业技能培训的机构不仅包括人社部门批准的职业培训机构和妇联、家政行业协会等社会组织筹办的培训机构，还有大量不具有培训资格的家政公司和机构，不同机构各行其是，并未形成统一的培训和考核标准，从而导致进入家政市场的从业人员的技能水平良莠不齐，使得整个家政行业规范化和职业化建设进程缓慢。而行业服务质量不高也就导致家政职业社会口碑不佳，更加剧了我国社会中固有的家政服务“低人一等”的劳动偏见，同时也导致了“家政服务员”近几年一直是我国最缺工的职业之一。

总体来看，我国基础教育阶段的家政教育贯穿在劳动教育中，其中义务教育阶段的家政教育在日常生活劳动中的清洁与卫生、整理与收纳、烹饪与营养、家用器具使用与维护 4 个任务群和生产劳动中的传统工艺制作任务群中得以体现，国家还规定劳动课程平均每周不少于 1 课时。但当前较多学校对此类课程重视不够，课时量远低于国家要求，很多学校师资数量缺乏且质量不高，学科课程教师经常占用劳动教育课这种“边缘”课程的教学时间。高中阶段家政教育内容主要体现在通用技术课程中的选择性必修课程“技术与生活系列”中，但其作为选修课程，课程开设更没有保障。我国职业教育阶段的家政教育主要是对家政相关专业的学生进行职业教育，目前还存在发展规模小、办学水平低等问题，招生之困、教学之困等严重制约着高素质家政人才培养。高等教育阶段的家政教育主要包括专业教育和通识教育，但家政学相关专业硕士点相对较少、博士点更是没有，较难为其他阶段开展家政教育提供理论支撑。社会教育阶段的家政教育主要是对家政服务从业者的岗前或在岗培训，对大众的普及教育较少。

纵观瑞典家政教育，瑞典将家政教育全面渗透进各级教育体系，在义务教育阶段开设了独立的必修课，在高级中学阶段开设了选修课，在多所大学还开展从学士到博士层面的家政人才培养和研究，在继续教育阶段也既有针对家政从业人员的职业培训，也有针对大众的普及教育，促使家政学成为一门富有强大生命力的学科。同时，不同阶段的家政教育良性互动，又进一步支撑了学科发展。瑞典的经验启迪我们，贯穿整个教育体系的家政教育对促进家政学科发展具有重要作用，我国当务之急应深度挖掘各阶段家政教育中隐藏的育人因素，把家政教育纳入人才培养全过程，构建贯通基础教育、职业教育、高等教育、社会教育阶段的家政教育体系（图 7 - 2）。

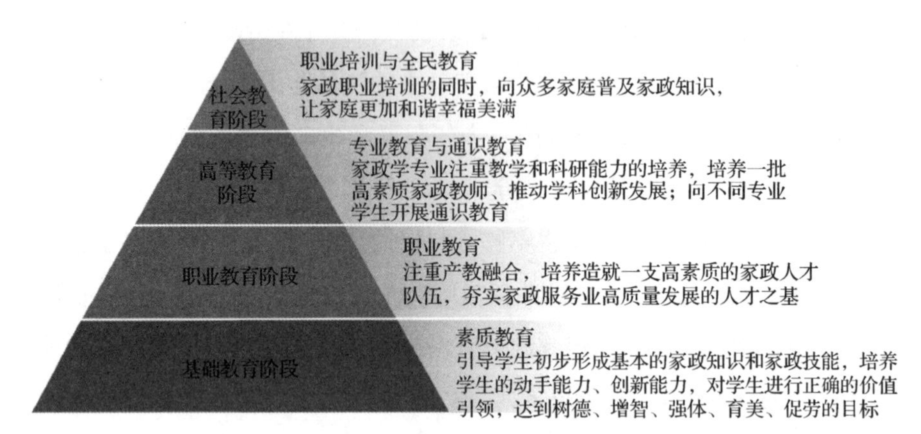

图 7－2　中国家政教育体系各阶段目标

(1) 对于基础教育阶段而言，家政教育属于素质教育，是劳动教育的重要组成部分，是劳动教育的起点和第一空间。可在劳动教育体系下单独开设必修与选修相结合的家政课程，并予以基本的课时保障，引导学生初步形成基本的家政知识和家政技能，培养学生的动手能力、创新能力，对学生进行正确的价值引领。在“知识创获——能力提升——价值引领”的过程中树德、增智、强体、育美、促劳。

具体来看(图 7－3)，通过家政教育树德，在潜移默化间让学生重视家庭、重视亲情，激发学生的家国情怀，树立正确的价值观；培养学生理论联系实际、综合分析解决问题、服务社会，树立积极的人生观；拓展学生的全球视野，树立科学的世界观。通过家政教育增智，促使学生掌握家政的基本知识和技能，在把理论知识付诸实践时更好地认识自身的优劣势和动力、潜能，提升学生的动手操作能力、创新能力和实践智慧。通过家政教育强体，在家政实践中强身健体，促进身体机能的发育、增强体质、发展体能；同时，享受其带来的乐趣、磨炼意志，锻炼吃苦耐劳的品格和耐挫能力，促进心理和人格的健全发展。通过家政教育育美，在传统工艺制作等课程中形成发现美、体验美、鉴赏美、创造美的能力，树立“劳动最光荣、劳动最崇高、劳动最伟大、劳动最美丽”的劳动审美观。通过家政教育促劳，树立正确的劳动观念、劳动态度、劳动情感、劳动品质，养成良好的劳动习惯，运用所学的家政基本知识和技能参与家务劳动、改善家庭生活质量。

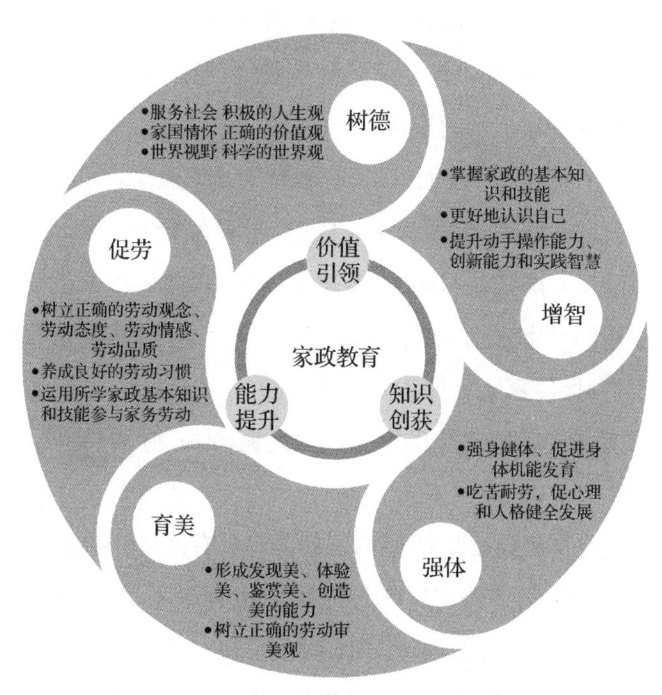

图 7-3　“五育并举”的基础教育阶段家政教育

（2）对于职业教育阶段而言，家政教育属于职业教育。可完善产教融合培养模式，① 通过企业参与院校教育教学全过程、院校为企业提供专业人才，② 企业为院校提供研究问题及资金支持、院校以企业实际需求为导向开展研究，③ 企业为院校提供技术指导、院校对企业进行员工培训等“三条路径”，促进教育链、人才链与产业链、创新链有机衔接，培养造就一支高素质、高技能型的家政人才队伍，夯实家政服务业高质量发展的人才之基。

（3）对于高等教育阶段而言，家政教育既是专业教育，也是通识教育。

一方面，围绕家政学专业培养人才，本科阶段注重教学能力的培养，培养一批高素质家政教师，为基础教育、职业教育、继续教育阶段培养师资。硕博阶段注重科研能力的培养，开展家政教育的理论研究，推动学科发展；另一方面，通过开设家政教育通识课、博雅课或辅修专业，以更开阔的视角和多维的层次，帮助不同专业的学生获得创造个人美好生活的能力、增强关心家庭发展和福利的意识。

（4）对于社会教育阶段而言，家政教育既是职业培训，也是全民教育。不仅要以家政职业培训、促进就业为目的，还要在老年大学等地通过大众教育形式向众多家庭普及家政知识，培养爱生活、懂生活的了解家政教育知识并能运用到日常生活中的非专业型家政人才，帮助家庭提高生活质量和管理水平，促使家庭更加和谐幸福美满。

3. 在内容上，新时代家政教育应构建能力轴、时间轴、空间轴“三维一体”的内容体系，全方位育人

瑞典家政教育贯穿教育全过程，课程内容具有体系性和渐进性、时序性和空间性，使得家政教育既有广度上的覆盖，也有深度上的探究。同时其课程内容具有时代性和本土性，始终适应时代发展，又饱含文化背景。瑞典的经验启迪我们，家政教育不是零散的实践和体验，需要充分重视课程的主渠道、主阵地作用，通过系统的内容设置，使之真正落到实处。我国新时代家政教育应有意识地将体系性和渐进性、时序性和空间性、时代性和本土性有机结合起来，构建能力轴、时间轴、空间轴“三维一体”的家政教育内容体系（图 7 - 4），为实现家政教育的目的提供必要条件和基本保障。

（1）在能力轴上，家政教育的内容应循序渐进、从浅到深，根据不同年龄阶段的发展要求，对学生的能力要求逐步提高，由“熟悉与了解”到“操作与描述”再到“创新与思考”，逐步培养学生的实践能力和创新精神。

（2）在时间轴上，家政教育的内容应立足时代，加强与学生生活及社会实际的联系，将社会广泛关注的问题融入课程。同时，要回溯过去，继

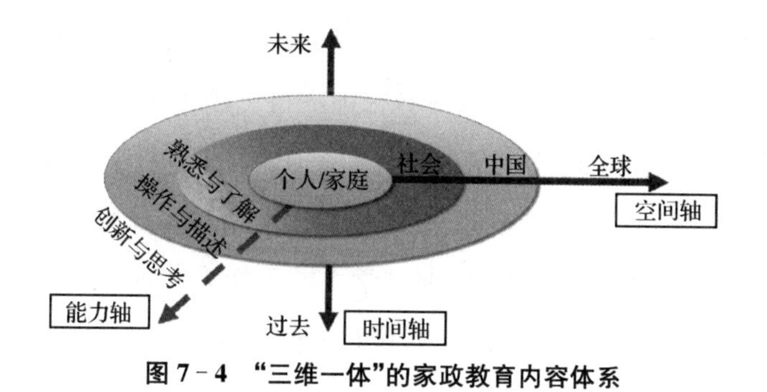

图 7－4　“三维一体”的家政教育内容体系

承和发扬中华优秀传统文化，充分发挥传统劳动、传统工艺项目育人功能，将我国传统家庭文化、食文化、茶文化、礼仪文化以及传统手工艺等融入家政教育中；还要展望未来，适应社会发展和科技进步，如通过智能穿戴、智能家居等技术体验活动，让学生了解现代通信技术、现代医疗技术、智能控制技术等对家庭美好生活和日常健康带来的影响。

（3）在空间轴上，习近平总书记指出“千家万户都好，国家才能好，民族才能好”，“国家好，民族好，家庭才能好”，这种辩证统一的家国关系论述揭示了“家国一体”“家国同运”的深刻道理。“家庭是社会的细胞”“家庭是国家发展、民族进步和社会和谐的重要基点”，因此家政教育的内容应由家到国逐步延伸，以学生自身为圆心，向家庭、社会、中国，乃至全球拓展，培养学生的家国情怀和世界眼光，让学生在探寻和解决生活问题的过程中拥有广阔的视野，从多种角度切入形成自己的视角和思维方式，同时深层次思考自身发展与家庭、社会、中国及全球的关系，厚植胸怀祖国、放眼世界的高度自觉。

4. 在实施上，新时代家政教育应坚持理论与实践教学相互渗透，全方位育人

瑞典家政教育的课程体系不仅有基础理论和知识的教学，而且十分重视技能与实践训练，旨在帮助学生理论联系实践，获得全面的发展。其中，实践课时除个人实操外，还会安排小组合作和展示、安排到不同场所

参观，旨在培养学生实践动手能力的同时，培养团队合作能力和观察思考能力。瑞典的经验启迪我们，家政教育理论与实践教学相互渗透、互为补充、协同促进，我国家政教育应有意识地将理论与实践教学结合起来。

一方面，家政教育应重视理论教学，让学生了解家政所涉及各个活动的专业理论背景及其社会意义，促进学生的感知力和理解力的发展。另一方面，家政教育应重视实践教学，强调学生直接体验和亲身参与，注重手脑并用，倡导“做中学”“学中做”，注重引导学生从现实生活的真实需求出发，以多样的实践方式，在设计、制作、试验、淬炼、探究等过程中获得丰富的体验，习得家政知识与技能，感悟和体认劳动价值，培育劳动精神。

在实践教学中应注重师生互动、小组协作。教师在综合考虑学生的个性差异、劳动习惯、能力特征后组建小组，以小组为单位设置情景、布置任务，让学生通过小组合作达到集思广益地理解问题、分析问题和解决问题的目的，通过分工与合作，让学生感受到团队的力量并学会在团队中发挥自己的价值和作用，让学生更有参与感和获得感。教师还可建立适当的激励机制，通过展示、汇报小组成果等方式评选出优秀小组，激发学生参与的积极性、主动性。

5. 在保障上，推动新时代家政教育发展应构建“家校社政”协同育人机制，全员育人

纵观瑞典家政教育的发展历程，其家政教育的快速发展，离不开瑞典政府及行业协会对其的多样化支持。同时，瑞典人将家庭视为生活的基础支柱，男性家务时间较其他国家长，也时常看到瑞典人全家一同在自家庭院修补围篱、油漆粉刷、做木工等，家长对家政教育十分支持。瑞典的经验启迪我们，家政教育是一项系统工程，单纯依靠学校的力量远远不够，家庭、社会也应该参与其中，与学校形成合力。

习近平总书记在中共二十大报告中指出要“健全学校家庭社会育人机制”。这充分说明，学校家庭社会协同育人已成为国家大事。因此，在

新时代背景下，推动家政教育发展需要构建“学校——家庭——社会”协同育人机制，全员育人。

(1) 学校要发挥在家政教育中的主导作用。学校是联系家庭、社会，实现三方协同教育的纽带。学校除加强家政教育整体规划和课程设计、整合利用资源组织课程实施、合理安排和培训师资外，还要积极与家庭密切合作，通过家长学校、家长会、家长开放日、给家长的一封信等多种途径密切家校联系，引导家长树立家政教育观念，发挥榜样示范作用。同时，还要让家长了解学校的家政教育内容、开展形式多样的亲子劳动活动，指导家长将相关学习内容有机融入家庭日常生活，使学生习得的家政技能能够在家庭得到及时的应用和巩固，与家长一起为孩子“扣好人生第一粒扣子”。

(2) 家庭要发挥在家政教育中的基础作用。习近平总书记指出：“家庭是人生的第一所学校，家长是孩子的第一任老师，要给孩子讲好‘人生第一课’，帮助扣好人生第一粒扣子。” 2021 年 10 月出台的《中华人民共和国家庭教育促进法》，将劳动观念、劳动能力、劳动品格与习惯的培养作为家庭教育的内容。因此家长作为孩子的第一任老师，是孩子家政教育启蒙的主导者，家长的劳动观念、能力、精神对孩子有着深刻影响，要营造崇尚劳动、尊重劳动的良好家风，通过日常生活的言传身教、潜移默化，让孩子树立正确的劳动观念，养成从小爱劳动的好习惯。同时，学生在学校学到的许多家政知识与技能都需要他们在家庭中亲身实践、亲历情境、亲手操作，家长不能包办代替，更不能通过“拍照打卡”等应付了之，而要抓住整理房间、打扫卫生、烹饪帮厨、美化家庭、养护绿植、器具维护等各种机会，帮助孩子自觉参与、自己动手，随时随地、坚持不懈地进行家务劳动。

(3) 社会要发挥在家政教育中的支持作用。社会是对学生进行家政教育的一个完美场所，可弥补学生在学校和家庭中无法操作的教学体验，也能够帮助学校全方位开展家政教育。学校应充分利用社会各方面资源,拓宽合作渠道,建立实习实践基地,利用当地家政服务培训学校的实训场地,安排学生到当地餐厅、食品厂等实地教学,组织学生到社区参加志愿服务,邀请家政、烹饪、烘焙的专业工作人员来校上课,让学校内的家政教育和学校外的生活实践联结起来,把学术学习和未来生涯发展对应起来,把空洞的理论和扎实的实践融合起来。

家政教育对引导学生承担家庭责任、形成良好家风,落实“立德树人”根本任务、培养德智体美劳全面发展的社会主义建设者和接班人,培育创新型人才、建设创新型国家,激发消费活力、有效扩大内需,提高家庭生活质量、积极应对老龄化具有重要意义。新时代家政教育要以“三全育人”为指导,以把握育人导向、遵循教育规律、体现时代特征、强化综合实施为基本原则,积极探索具有中国特色的家政教育模式、构建家政教育体系。第一,要构建贯通基础教育、职业教育、高等教育、社会教育各学段的家政教育体系,全程育人;第二,要构建能力轴、时间轴、空间轴“三维一体”的内容体系,坚持理论与实践教学相互渗透,全方位育人;第三,要构建“学校——家庭——社会”协同育人机制,家庭、学校、社会协同发力,全员育人。

参考文献

[1] Boucher L. Tradition and change in Swedish education[M]. Oxford: Pergamon Press,1982:28.

[2] Blossing U, Imsen G. The Nordic education model: "a school for all" encounters neo-liberal policy[M]. Dordrecht, The Netherlands: Springer, 2014: 19 - 20.

[3] Gunnar Berg. Changes in the steering of Swedish schools: a step towards "societification of the state"[J]. Journal of curriculum studies,1992,24(4):328.

[4] Hjälmeskog K. Lärarprofession i förändring: från "skolkök" till hemoch konsumentkunskap[M]. Uppsala: Universitetstryckeriet Uppsala,2006.

[5] Hjälmeskog K. A think piece: consumer education for a sustainable society, Swedish home and consumer studies as an example [J]. Journal of Japan association of home economics education, 2014,08: 78 - 79.

[6] Janeen Baxter. Gender equality and participation in housework: a cross-national perspective[J]. Journal of comparative family studies, 1997,28(3):220 - 247.

[7] Lindblom Cecilia, et al. Practical conditions for Home and Consumer Studies in Swedish compulsory education: a survey study[J]. International journal of consumer studies,2013(37):556 - 563.

[8] The National Agency for Education. The curriculum for the

compulsory school system, the pre-school class and the recreation centre (Lgr11)[M].Stockholm: Ordförrådet AB,2011.

[9] Veenis. The Nordic education model: "a school for all" encounters neo-liberal policy [J]. Leadership and policy in schools,2017,16(4):19 - 20.

[10] 阿力贡.我国家政教育的发展及其价值[J].陕西师范大学学报(哲学社会科学版),2009,38(S1):159 - 161.

[11] 鲍德里亚. 消费社会[M].刘成富,等,译. 南京:南京大学出版社,2000.

[12] 布莱恩·诺德斯特姆. 走世界品文化:悠闲瑞典[M].陶秋月,译. 长春:长春出版社,2012.

[13] 陈照雄. 瑞典教育制度:培育维护人权、公平与正义之健全国民[M]. 台北:心理出版社,2009.

[14] 陈建美.瑞典学习圈运作模式及对我国社区学习圈的启示[D].成都:四川师范大学,2015.

[15] 陈金华,陈家太.中美家政教育比较研究[J]. 鸡西大学学报,2010,10(5):5 - 6.

[16] 陈娜.瑞典高等教育发展的特点及其启示[J]. 高教研究与实践,2008(1):50 - 54.

[17] 陈朋. 美国加州中学家政课程设计模式及其对我国的启示[J].教育与教学研究,2019,33(4):33 - 42.

[18] 谌启标,李忠东.在瑞典,职高与高中一起上[J].成才与就业,2005(20):45 - 46.

[19] 丁建定.瑞典社会保障制度的发展[M].北京:中国劳动社会保障出版社,2004.

[20] 方彤.瑞典基础教育[M].广州:广东教育出版社,2004.

[21] 冯增俊,潘立.当代小学课程发展[M].广州:广东高等教育出版社,2006:151 - 168.

[22] 顾耀明,王和平. 当今瑞典教育概览[M].郑州:河南教育出版社,1994:65 - 103.

[23] 顾耀铭.瑞典成人教育的现状及发展态势[J].北京成人教育,1992(5):25 - 27.

[24] 郭嘉.瑞典学习圈研究[D].郑州:河南大学,2008.

[25] 郭婧.教育民主化进程中的瑞典高中教育改革探析[D].武汉:华中师范大学,2008.

[26] 甘永涛.瑞典高等教育改革历程述评[J].外国教育研究,2007,34(3):53-57.

[27] 荒井紀子.北欧における家政学の発展過程および1990年代の家庭科教育の動向と課題[J].福井大学教育地域科学部紀要(応用科学家政学編),2002(41):6-7.

[28] 韩艳艳,黄健.瑞典成人教育政策的回顾与评析[J].河北大学成人教育学院学报,2007(1):60-63.

[29] 贺武华.瑞典新近公共教育改革中的"新右"取向及其实效评析[J].外国教育研究,2010,37(7):12-17.

[30] 胡艺华,夏婷.中国家政教育发展的历史底蕴[J].现代教育科学(高教研究),2014(1):74-77.

[31] 黄日强,黄宣文.战前至20世纪50年代瑞典职业与成人教育的发展与变革[J].漯河职业技术学院学报,2008,7(3):1-3.

[32] 黄日强.瑞典职业教育与普通教育的相互沟通[J].漯河职业技术学院学报(综合版),2005(1):39-41.

[33] 加斯东·米亚拉雷,让·维亚尔.世界教育史1945年至今[M].张人杰,等,译.上海:上海译文出版社,1991:300-313.

[34] 梁光严.列国志:瑞典[M].北京:社会科学文献出版社,2007.

[35] 刘凯.全球通史——世界历史通览——第4册[M].北京:线装书局,2016.

[36] 江建云.瑞典国家技术创新体系及技术政策要点[J].世界科技研究与发展,2001(3):93-97.

[37] 姜钧译,刘灿.全球主要国家(地区)研发支出与科研产出的比较分析[J].中国科学基金,2020,34(3):367-372.

[38] 贾洪芳.瑞典国家教育考试制度评述[J].外国教育研究,2014,41(8):121-128.

[39] 柯政彦.瑞典职业教育学徒制的改革举措及启示[J].教育与职业,2020(5):90-94.

[40] 李春晖,王永颜,王利美.基于家政实践的中小学劳动教育实施

路径研究[J].教学与管理(理论版),2022(2):52-56.

[41] 林海亮,李雪.瑞典新义务教育课程改革述评[J].教育探索,2013(10):155-157.

[42] 凌春光.瑞典成人教育的主要特色及其启示[J].河北工业大学成人教育学院学报,2009,24(2):10-12+16.

[43] 刘奉越.瑞典成人教育专业化发展的历史轨迹[J].河北大学成人教育学院学报,2010,12(2):56-58.

[44] 刘福森,王淑娟.家政教育与思想政治教育有效融通探析[J]. 广西青年干部学院学报,2019,29(6):59-62.

[45] 刘华锦,庞超.瑞典高中新一轮课程改革理念探析[J].教育导刊(上半月),2010(6):57-60.

[46] 刘杨,刘岩,耿静静.韩国家政教育发展及其启示[J].世界教育信息,2017,30(16):27-32+71.

[47] 吕润美.瑞典可持续发展教育的特点及启示[J].当代教育科学,2012(20):52-54.

[48] 李旭东,孙玲. 瑞典新任高教署长关于大学合并的提议引发争论 [J]. 世界教育信息, 2008(03): 23.

[49] 李旭东.瑞典高等教育改革关注什么[N].中国教育报,2008-5-21(12).

[50] 豊村洋子,青木優子. スウェーデンの義務教育学校における家庭科教育[J]. 北海道教育大学紀要第一部, 教育科学編,1983(3):177-192.

[51] 孟毓焕. 博洛尼亚进程下的瑞典高等教育[M].北京:北京理工大学出版社,2017:27-68.

[52] 马川.瑞典成人教育发展经验及启示[J].成人教育,2016,36(5):92-94.

[53] 马丽,马永浩.瑞典科技创新模式对江苏的启示[J].江苏科技信息,2015(7):1-4.

[54] 牛盼强,谢富纪.韩国建设创新型国家的特色及对我国的启示[J].科学管理研究,2009.27(1):117-120.

[55] 庞超.二十世纪八十年代以来瑞典基础教育改革的价值取向研究[D]. 重庆:西南大学,2012.

[56] 齐幼菊,蒋融融.瑞典成人职业教育及对我国开放教育实践教学

的启示[J].远程教育杂志,2016,35(3):69-75.

[57] 粟芳,魏陆. 瑞典社会保障制度[M].上海:上海人民出版社,2010.

[58] 商承义.瑞典中小学教育制度的沿革[J].外国中小学教育,1985(1):17-21.

[59] 沈桂龙.美国创新体系:基本框架、主要特征与经验启示[J].社会科学,2015(8):3-13.

[60] 孙嘉尉,顾海.国外大病保障模式分析及启示[J].兰州学刊,2014(1):79-84.

[61] 孙玲,和震.瑞典非正规教育模式探析[J].职教论坛,2017(7):80-84.

[62] 孙强.瑞典的职业教育——专业与课程设置分析[J].湖南工业职业技术学院学报,2004,4(2):85-86.

[63] 宿静茹,崔丹.瑞典成人教育特色及其对我国学习型城市建设的启示[J].职教论坛,2016(18):93-96.

[64] 涂永前.家政教育及家庭劳动教育应得到重视[N].社会科学报,2021-10-7(2).

[65] 檀慧玲.世界主要创新型国家教育创新政策的特点及启示[J].内蒙古大学学报(哲学社会科学版),2014,46(1):102-107.

[66] 汪泓.社会保障制度改革与发展:理论·方法·实务[M].上海:上海交通大学出版社,2008.

[67] 汪霞.国外中小学课程演进[M].济南:山东教育出版社,2000:576-684.

[68] 汪霞. 20 世纪末瑞典义务教育课程革新的理念与举措 [J]. 比较教育研究, 2000(06): 1-5.

[69] 汪霞.瑞典高中的改革和发展[J].外国教育资料,1992(2):41-47.

[70] 王馨彤. 日本小学家庭科课程研究及启示[D].锦州:渤海大学,2021.

[71] 王海燕,梁洪力.瑞典创新体系的特征及启示[J].中国国情国力,2014(12):67-69.

[72] 王俊.瑞典基础教育发展战略研究[J].外国中小学教育,2009(10):1-8.

[73] 王罗汉.瑞士创新体系的特点与思考[J].全球科技经济瞭望,

2020,35(9):44－50.

[74] 王佩,赵媛,熊筱燕.中国高校家政学专业的历史发展及启示——以金陵女子大学为例[J].文教资料,2020(35):141－145.

[75] 王亭亭.瑞典政府提交有关成人教育法的提案[J].世界教育信息,2020,33(7):75.

[76] 王艳玲.20世纪末英国与瑞典高等教育改革比较探析[J].肇庆学院学报,2014,35(3):55－59.

[77] 亨利克・哈桑,卡尔・霍姆伯格,高淑婷.瑞典远程教育的发展与模式[J].中国远程教育,2005(2):49－59＋71－80.

[78] 徐辉.欧洲"博洛尼亚进程"的目标、内容及其影响[J].教育研究,2010(4):94－98.

[79] 徐学福.重反思的瑞典环境教育[J].外国中小学教育,2008(6):64－65.

[80] 叶峰.瑞典成人职业教育探析[D].重庆:西南大学,2007.

[81] 鄢继尧,赵媛,熊筱燕.以产教融合助力高素质家政人才培养[J].江苏教育,2021(72):78－80.

[82] 鄢继尧,赵媛,许昕,等.基于网络关注度的中国城市家政服务需求时空演变及影响因素[J].经济地理,2021,41(11):56－64.

[83] 鄢继尧,赵媛,许昕,等.中国城市家政服务业发展与需求耦合协调分析[J].地理与地理信息科学,2022,38(2):71－78.

[84] 闫文晟.从新时代社会转型看我国的家政学教育[J].湖北经济学院学报(人文社会科学版),2020,17(12):119－124.

[85] 杨建华,薛二勇.瑞典高等教育的改革[J].高教探索,2007(5):78－81.

[86] 杨娟,夏川茴,张正仁.瑞典高中新课程研究[J].外国中小学教育,2017(1):70－75.

[87] 杨素珍.芬兰瑞典的教育概况与特色[J].山西教育,2004(5):42－43.

[88] 杨懿,邵华冬,邢楠,等.品牌价值建构的陷阱与突破——基于国内外品牌榜单测评的思考[J].辽宁大学学报(哲学社会科学版),2017,45(6):86－92.

[89] 张婧.瑞典中小学可持续发展教育的实施路径及其对我国开展

生态文明教育的启示[J].世界教育信息,2019,32(17):68－72.

[90] 张静.瑞典成人教育发展近况及其关注热点[J].职教通讯,2011(5):49－53.

[91] 张雄辉,刘绵勇.韩国国家创新系统的特点与启示[J].商业时代,2011(14):48－49.

[92] 张雄辉.美国和韩国技术引进特点的比较及启示[J].长春理工大学学报,2011(8):62－63.

[93] 张银银.瑞典国家创新体系探析与启示[J].当代经济管理,2013,35(11):86－91.

[94] 赵金库,赵志国.瑞典养老服务的做法及启示[J].人口与计划生育,2009(2):23－24.

[95] 赵丽丽.瑞典多样化的成人教育[J].继续教育,2006(4):57－59.

[96] 周路菡.工程师之国:瑞典的创新启示[J].新经济导刊,2015(6):38－42.

[97] 周蕖.多种结构的瑞典综合高中[J].外国教育动态,1982(6):20－26.

[98] 朱玠.瑞典高等教育质量保证体系及其特征[J].外国教育研究,2012,39(12):106－112.

[99] 朱晓琳.瑞典成人教育的发展与现状研究[J].继续教育研究,2020(5):84－88.

[100] 朱晓琳.瑞典成人教育体系与模式研究[J].中国成人教育,2020(11):64－68.

[101] 祝怀新,梁珍.瑞典中小学可持续发展教育的政策与实践[J].外国中小学教育,2005(9):1－6.

[102] 赵媛,鄢继尧,熊筱燕. 推动江苏家政服务业高质量发展[N].新华日报,2021－3－30(17).

[103] 赵媛,鄢继尧,熊筱燕. 劳动教育从家庭生活着手,赋予家庭教育新使命[N]. 中国妇女报,2022－05－31.

索引

1. 人名

2. 机构、学校名

3. 条例名